ISBN 978-3-663-15368-9   ISBN 978-3-663-15939-1 (eBook)
DOI 10.1007/978-3-663-15939-1

GRUNDZÜGE DER GEOLOGIE

VON

DR. FRANZ MEINECKE

STUDIENRAT AM STAATLICHEN REALGYMNASIUM
IN NORDHAUSEN

ZWEITE, VERBESSERTE UND ERGÄNZTE AUFLAGE
MIT 32 ABBILDUNGEN IM TEXT

1926

SPRINGER FACHMEDIEN WIESBADEN GMBH

Vorwort zur ersten und zweiten Auflage.

Die vorliegende gedrängte Zusammenstellung der Grundzüge der Geologie ist für solche Anstalten bestimmt, die diesem Fache nur eine beschränkte Zeit widmen können. Der Gang der Darstellung weicht von der gewöhnlich üblichen rein systematischen Anordnung des Stoffes ab. Mit Ruska sehe ich die Behandlung der Gesteine als geeignete Überleitung von der Mineralogie zur Geologie an; aus diesem Grunde wurden zuerst die primären oder Eruptivgesteine behandelt. Im übrigen war mein Bestreben, den Stoff den beiden großen Gesichtspunkten unterzuordnen: Kreislauf der Gesteine an der Erdoberfläche und Umgestaltung der Erdrinde durch die inneren Kräfte. Für die Neuauflage wurde der Abschnitt IV „Die Geschichte der Erde" neubearbeitet und erweitert. Daneben wurde, um den Gang der Entwicklung der Erde kurz und übersichtlich darzustellen, die tabellarische Zusammenstellung der historischen Geologie beibehalten. Die Zahl der Abbildungen konnte dankenswerterweise um zwölf vermehrt werden. Sie wurden z. T. aus anderen Werken, so Abb. 1—3, 7—10, 13, 15, 16, 18—20, 25—27, 30 und 31 aus Wagner, Lehrbuch der Mineralogie und Geologie (Teubner) entnommen. Verfassern und Verlegern auch der übrigen unter den betreffenden Abbildungen selbst genannten Werke sei für die Überlassung der Klischees auch an dieser Stelle bestens gedankt. So ist zu hoffen, daß diese „Grundzüge" nunmehr ihren Zwecken voll entsprechen.

Nordhausen, im April 1926.　　　　　　　　　　**F. Meinecke.**

Inhalt.

Seite

I. Die Eruptivgesteine und ihre Mineralien 3
   1. Die Zusammensetzung der Erdrinde 3
   2. Die wichtigsten Mineralien der Eruptivgesteine 4
   3. Mineralbildung aus dem Schmelzfluß (Magma) 4
   4. Kontaktmetamorphose 5
   5. Einteilung der Eruptivgesteine 5
II. Der Kreislauf der Stoffe an der Erdoberfläche 6
   1. Verwitterung 6
   2. Abtragung 7
      a) Kreislauf des Wassers 7
      b) Grundwasser und Quellen 8
      c) Schuttbewegung 8
      d) Talbildung 9
      e) Ablagerungen der Flüsse 10
      f) Die Wirkung des Gletschereises 10
      g) Die Arbeit des Windes 11
   3. Die Tätigkeit des Meeres 12
   4. Die Entstehung und Einteilung der Sedimente 13
   5. Schichten 15
III. Die Einwirkungen der Erdtiefe auf die Erdrinde 16
   1. Hebungen und Senkungen 16
   2. Erdbeben 17
   3. Verwerfungen 17
   4. Faltung 18
   5. Vulkanismus 19
   Anhang: Geologische Karten und Profile 21
IV. Die Geschichte der Erde (historische Geologie) 24
   1. Die geologische Altersbestimmung 24
   2. Einteilung der Erdgeschichte 25
   3. Die Urzeit 25
      a) Sternzeitalter der Erde 25
      b) Vorozeanische Zeit der Erde 25
   4. Archäisches Zeitalter 26
   5. Altertum oder paläozoisches Zeitalter 26
      a) Kambrium 26
      b) Silur 26
      c) Devon 27
      d) Karbon, Steinkohlenformation 29
      e) Perm 30
   6. Mittelalter oder mesozoisches Zeitalter 31
      a) Trias 31
      b) Jura 33
      c) Kreide 35
   7. Neuzeit oder känozoisches Zeitalter 37
      a) Tertiär 37
      b) Quartär 38
Erklärung der Fremdwörter 40
Register 43

Grundzüge der Geologie.

Die Geologie ist die Lehre von dem Bau und der Geschichte der Erde; sie untersucht:

A. Die **Gesteine**, ihre Zusammensetzung, ihr Gefüge und ihre Entstehung: **Petrographie** oder **Gesteinskunde**.

B. Die **Kräfte** (Wasser, Eis, Wind, Vulkanismus, Gebirgsbildung), welche das Antlitz der Erde von außen und innen zerstören und aufbauen: **dynamische Geologie**.

C. Den **Aufbau der Gebirge**: **tektonische Geologie**.

D. Die **Geschichte der Erde** und ihrer Lebewesen seit ihrer Entstehung: **historische Geologie**.

Neben der Mineralogie ist die wichtigste Hilfswissenschaft die **Paläontologie**, die Lehre von den als Versteinerungen erhaltenen Lebewesen der Vorzeit.

I. Die Eruptivgesteine und ihre Mineralien.

Die Mineralien sind die Bausteine der Erdkruste, und zwar als Gesteine mannigfaltig miteinander vergesellschaftet. Diese Mineralgemenge oder Gesteine sind geologisch selbständige Körper und die wesentlichen Bestandteile der Erdrinde. Die Erkennung der Gesteine geschieht durch Untersuchung von Dünnschliffen mit dem Polarisationsmikroskop.

1. Die Zusammensetzung der Erdrinde. Die Zahl der die gesteinsbildenden Mineralien zusammensetzenden chemischen Grundstoffe ist ziemlich gering. Die wichtigsten Stoffe der Erdrinde sind in Prozenten:

O	50	Mg	2,35	C	0,20
Si	26	Na	2,40	Cl	0,18
Al	7,45	K	2,35	P	0,08
Fe	4,20	H	0,90	Mn	0,07
Ca	3,25	Ti	0,30	S	0,06

Diese 15 Elemente bilden also $^{998}/_{1000}$ der Erdkruste, die sich daher wesentlich aus Kieselsäure und Silikaten zusammensetzt. Die Stoffe, die als Gesteine die Erdrinde aufbauen, sind ursprünglich aus Silikatschmelzlösungen aus dem heute in der Tiefe des Erdinnern befindlichen **Magma** entstanden. Die **Eruptiv-** oder **Erstarrungsgesteine** sind die ursprünglichen oder **primären** Gesteine. Die Silikatschmelzen, aus denen

sie entstanden sind, kann man sich zusammengesetzt denken aus den Oxyden SiO_2; Al_2O_3, Fe_2O_3; CaO, MgO, FeO; Na_2O, K_2O, H_2O; dazu noch TiO_2, CO_2, P_2O_5, MnO, Cl, S, F. Wenn auch der Anteil dieser Stoffe an der Zusammensetzung der magmatischen Schmelzen im einzelnen verschieden ist, so führen die Eruptivgesteine doch überall eine nur verhältnismäßig geringe Zahl von Mineralien in gleicher gesetzmäßiger Vergesellschaftung und Altersfolge.

2. Die wichtigsten Mineralien der Eruptivgesteine.

a) Mit bloßem Auge erkennbare Gemengteile:

1. Quarz, SiO_2, hexagonal.
2. Feldspatgruppe: Orthoklas $KAlSi_3O_8$, monoklin. Kalknatronfeldspäte, Plagioklase, trikline Mischkristalle von Albit $NaAlSi_3O_8$ und Anorthit $CaAl_2Si_2O_8$.
3. Feldspatvertreter: Leuzit $KAlSi_2O_6$, regulär. Nephelin $NaAlSiO_4$, hexagonal.
4. Glimmer: Muskovit, Kaliglimmer $(KH)_6Al_6Si_6O_{24}$. Biotit, Eisenmagnesiaglimmer $m(KH)_6Al_6Si_6O_{24} + n(MgFe)_2SiO_4$.
5. Olivin $(MgFe)_2SiO_4$, rhombisch.
6. Augite $(MgCaFe'')(AlFe''')_2SiO_6$ und Hornblenden $(CaMg_3Fe_3'')Si_4O_{12}$.

b) Meist mikroskopisch kleine Gemengteile:

7. Eisenerze: Magneteisen, Fe_3O_4, regulär; Titaneisen, $FeTiO_3$, hexagonal; Magnetkies, Fe_7S_8, hexagonal.
8. Apatit $Ca_5(PO_4)_3F$ oder Cl, hexagonal.

c) Durch Pneumatolyse gebildete Mineralien:

9. Turmalin, borhaltiges Natriumaluminiumsilikat, hexagonal.
10. Topas, $F_2Al_2SiO_4$, rhombisch.
11. Zinnerz, SnO_2, tetragonal.
12. Flußspat, CaF_2, regulär.

3. Mineralbildung aus dem Schmelzfluß (Magma).

Bei der allmählichen Abkühlung und Erstarrung eines Magmas vollzieht sich die Bildung der Mineralien unter folgenden Bedingungen: hohe Temperatur, hoher, aber wechselnder Druck, Gegenwart hochgespannter Gase und Dämpfe, konzentrierte Schmelzlösungen. Die Kristallisation läßt mehrere Abschnitte erkennen:

a) 2000 bis 900° Kristallisation schwerflüchtiger Stoffe in der Reihenfolge Apatit und Erze, Olivin, Augit, Hornblende, Glimmer, Feldspäte, Feldspatvertreter, Quarz.

b) 900 bis 365° pneumatolytische Erstarrung: Kristallisation unter dem Einfluß gas- und dampfförmiger Stoffe; mit sinkender Temperatur folgen aufeinander Salzfumarolen ($FeCl_2$, SnF_4, SiF_4, $PbCl_2$ u. a.), dann saure Fumarolen.

c) Unterhalb 365°, der kritischen Temperatur des Wassers, hydrothermale Bildungen unter dem Einfluß heißer wässeriger Lösungen: H_2O, H_2S, SO_2, CO_2.

Während der beiden letzten Abschnitte finden mancherlei Stoffabwanderungen statt, die zur Entstehung von Erz- und Mineralgängen (Gangquarz) (Abb. 1) führen können.

4. Kontaktmetamorphose. Bleibt der aufdringende Schmelzfluß in der Tiefe stecken und erstarrt unterirdisch, so werden durch seine hohe Temperatur, die Gase und Dämpfe, Veränderungen des Nebengesteins veranlaßt, die man als Kontaktmetamorphose bezeichnet. In der veränderten Zone, dem Kontakthof, ist das Nebengestein durch die Hitzewirkung mehr oder weniger kristallinisch geworden; Tonschiefer werden zu Hornfelsen, Glimmerfelsen, Frucht-, Knoten- und Garbenschiefern, so genannt nach den knötchenförmigen Anreicherungen des Kohlenstoffgehaltes. Fluor- und Bordämpfe führen zur Bildung von Topas,

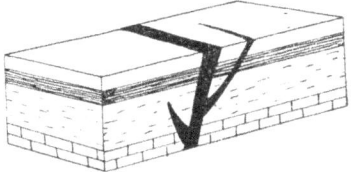

Abb. 1. Modell eines Ganges mit zwei Trümern, die wie der Hauptgang plattenförmige Gesteinskörper sind.

Flußspat, Turmalin, Zinnstein; als Kontaktmineralien entstehen in Tonschiefern Andalusit (Al_2SiO_5), in Kalken Granat und Wollastonit ($CaSiO_3$), oder es finden Imprägnationen mit Erzen statt (Kontaktlagerstätten).

5. Einteilung der Eruptivgesteine. Die Erstarrung der Eruptivgesteine vollzieht sich entweder in der Tiefe oder an der Oberfläche. Die Tiefengesteine haben sich unter hohem Druck und bei Gegenwart hochgespannter Gase und Dämpfe langsam abgekühlt, ihr Gefüge ist daher kristallinisch-körnig (Granit). Die Ergußgesteine oder vulkanischen Gesteine sind wie die Laven tätiger Vulkane (Vesuv Ätna) bis zur Oberfläche emporgedrungen und unter Entweichen der Gase mehr oder weniger rasch erstarrt (Porphyr, Basalt). Beim Aufsteigen haben sich schon in der Tiefe einzelne größere Kristalle, die Einsprenglinge, gebildet, während der Rest als Grundmasse an der Oberfläche infolge ziemlich rascher Abkühlung feinkristallinisch oder auch glasig erstarrt. Das Gefüge der Ergußgesteine ist porphyrisch oder auch glasig. An Dämpfen reiche Ergußgesteine erstarren blasig; die von Dampfblasen herrührenden Hohlräume sind oft durch Mineralneubildungen ausgefüllt (Mandelsteine, Achatmandeln); andere Gesteine, wie Bimsstein, sind schaumig.

Die Körper der Tiefengesteine bezeichnet man bei annähernd rundlichem Querschnitt als Stöcke, als Lakkolithen (Abb. 2), wenn durch das Aufdringen das Nebengestein aufgeblättert oder emporgewölbt worden ist. Die Eruptivgesteine bilden bei Spaltenausfüllung Gänge (Abb. 1); ihre oberirdischen Ergüsse heißen Ströme oder Decken. Auf die Zusammenziehung

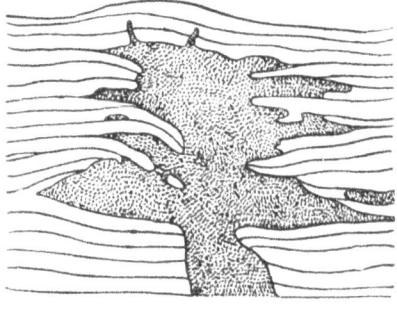

Abb. 2. Lakkolith, entstanden durch ein aufdringendes Magma, das sich in die Gesteinslagen eingezwängt und sie zum Teil aufgeschmolzen und gehoben hat.

bei der Abkühlung sind die **Absonderungsformen** der Eruptivgesteine zurückzuführen (**Basaltsäulen**). Beim **Granit** treten die im frischen Gestein selten deutlichen Absonderungsflächen meist erst bei der Verwitterung hervor und bedingen schalige, plattige oder wollsackförmige Absonderungen (Abb. 3).

Auf das Gefüge, die Gemengteile und das geologische Alter gründet sich die **Einteilung der Eruptivgesteine**.

1. Hauptgemengteil	2. Hauptgemengteil	SiO_2-Gehalt	Tiefengesteine: Gefüge körnig	Ergußgesteine: Gefüge porphyrisch	
				altvulkanisch (vortertiär)	jungvulkanisch) (tertiär b. heute)
Orthoklas $K+Na>Ca$	Quarz, Glimmer (Biotit, Muskovit)	75–65 %	Granit	Quarzporphyr	Liparit
	Biotit, Hornblende	± 60 %	Syenit	Quarzfreier Porphyr od. Orthophyr	Trachyt, + Nephelin: Phonolith
Plagioklas $Ca>$ oder $= Na+K$	Biotit, Hornblende, Augit	66–50 %	Diorit	Porphyrit	Andesit
	Augit(Diallag, Bronzit, Hypersthen), ± Olivin	± 50 %	Gabbro	Diabas, Melaphyr	Feldspatbasalt
	Olivin, Glimmer, Augit	40–35 %	Peridotit		

II. Der Kreislauf der Gesteine an der Erdoberfläche.

1. Verwitterung. Das Felsgerüst der Erde wird fast überall durch zwei Hüllen, das Pflanzenkleid und die Schuttdecke verschleiert. In einem geeigneten Aufschluß, etwa einem Steinbruch, erkennt man, daß unter der Humusschicht des Erdbodens, in welcher die Pflanzen wurzeln, eine Verwitterungszone folgt, die nach unten allmählich in das frische anstehende Gestein des Untergrundes übergeht. Dieser lockere Erdboden ist durch Verwitterung aus dem Anstehenden hervorgegangen. Unter Verwitterung versteht man jede Veränderung der Gesteine unter dem Einfluß der Luft, des Regenwassers, der Wärme und Kälte und der Pflanzen. Durch diese Kräfte werden alle Gesteine zermürbt und chemisch verändert, z. T. aufgelöst.

a) Die **mechanische Verwitterung** führt den Zerfall der Gesteine in große und kleine Bruchstücke herbei. Die in heißen Trockengebieten und Wüsten, aber auch im Hochgebirge tätige Sonnenbestrahlung oder **Insolation** bewirkt bei plötzlichem starken Temperaturwechsel (bis zu 60° Unterschied) namentlich bei Gesteinen mit verschieden gefärbten Mineralien eine ungleichmäßige Ausdehnung und Zusammenziehung, so daß die Gesteine durch Sprünge aufgelockert und zerbröckelt werden. Ebenso arbeitet die Sprengwirkung des in Gesteinsspalten gefrierenden Wassers, der Spaltenfrost, und führt im Hochgebirge (Steinschlag) und in den Polargebieten zur Entstehung steiler Felswände und mächtiger Schutthalden an den Gehängen.

b) Die chemische Verwitterung veranlaßt unter der Einwirkung des Wassers, des Sauerstoffs, der Kohlensäure und humushaltiger Wässer eine chemische Zersetzung der Gesteine. In den Tropen bilden sich aus Eisenoxyd und Tonerdehydrat bestehende ziegelrote oder gelbe Verwitterungslehme, Laterit, in den wärmer gemäßigten Gebieten Roterden (Terra rossa). In unseren Breiten herrschen Braunerden, d. h. durch $Fe(OH)_3$ gelbbraun gefärbte Verwitterungslehme. Unter der Einwirkung von Moorwässern werden feldspathaltige Gesteine in weißen Kaolin oder Porzellanerde zersetzt (tertiäre Grau- oder Bleicherden bei Halle a. S. und Meißen).

Abb. 3. Granit, zu Wollsäcken und Matratzen verwitternd. Katzenschloß, Riesengebirge.

c) Die Verwitterung erzeugt bei manchen Gesteinen höchst bezeichnende Verwitterungsformen, die durch Gefüge, Härte und Widerstandsfähigkeit der Gesteine bestimmt werden. So zeigen Sandsteine häufig quaderförmige Absonderungen (Quadersandstein im Elbsandsteingebirge); Granit verwittert zu Blockmassen, die wie Wollsäcke übereinander gelagert sind (Abb. 3). Im Hochgebirge bilden Granit und Dolomit seltsam gestaltete Felstürme und Nadeln (Mt. Blanc, Dolomiten).

2. **Abtragung.** Die Auflockerung und Zermürbung der Gesteine ermöglicht erst die Fortschaffung des Verwitterungsschuttes durch die Abtragung; von den dabei tätigen Kräften: Wasser, Gletschereis und Wind, leistet das fließende Wasser die Hauptarbeit.

a) Kreislauf des Wassers. Ein gewisser Teil der irdischen Wasserhülle befindet sich in einer steten Bewegung, die von den Luftströmungen abhängig ist; die Kräfte, die sie ständig aufrecht erhalten, sind die tägliche Umdrehung der Erde und die jahreszeitlich wechselnde Wärmezufuhr von der Sonne. Der über warmen Meeren durch Verdunstung emporsteigende Wasserdampf liefert bei Abkühlung Regen und Schnee, welche Grundwasser und Quellen, Bäche und Ströme speisen. Ins Meer zurückgekehrt findet das Wasser seine Heimat wieder, um seinen Kreislauf von neuem zu beginnen.

b) **Grundwasser und Quellen.** Vom Niederschlag dringen bei uns 15 bis 25% als Bodenfeuchtigkeit und Grundwasser in den Boden ein. Klüftiger Kalkstein, Sandstein oder Granit begünstigen infolge ihrer Durchlässigkeit das Eindringen des Sickerwassers, bis es über undurchlässigem Gestein, wie Ton, gestaut wird (Abb. 4). Der Ablauf der unter-

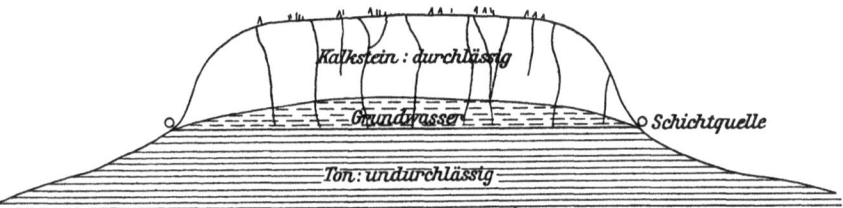

Abb. 4. Entstehung von Grundwasser und Quellen bei Jena. Das in den Spalten des durchlässigen Muschelkalks in die Tiefe dringende Wasser wird auf der undurchlässigen tonigen Unterlage gestaut und tritt am Gehänge in Schichtquellen zutage.

irdischen Grundwasseransammlungen sind die Quellen. Quellen mit gleichmäßiger, etwa der mittleren Jahreswärme entsprechender Temperatur kommen aus größerer Tiefe und führen meist durch natürliche Filtration gut gereinigtes Wasser. Artesische Brunnen, nach dem 1842 bei Grenelle (Artois) 547 m tief erbohrten Sprudel benannt, sind Quellen mit starkem Auftrieb. Das unterirdische Wasser löst leichtlösliche Gesteine, wie Kalkstein, Gips, Steinsalz auf, durch deren Auslaugung Höhlen und Erdsenkungen (Eisleben) oder Erdfälle (Staßfurt) entstehen. In den Höhlen scheidet sich gelöstes Calciumkarbonat oft als Sinter oder Tropfstein wieder ab. Mineralquellen sind reich an gelösten Stoffen: Solquellen enthalten Kochsalz, die Stahlbrunnen kohlensaures Eisen, die Säuerlinge Kohlendioxyd, die Schwefelquellen Schwefelwasserstoff. Bei den heißen Quellen oder Thermen ist die Temperatur höher als die mittlere Jahrestemperatur (Karlsbader Sprudel 74°, Wiesbaden 69°, Baden-Baden 68°). Sie entstammen beträchtlichen Tiefen oder sind an vulkanische Gebiete gebunden.

c) **Schuttbewegungen.** Im Hochgebirge stürzen dauernd vom Spaltenfrost losgesprengte Gesteinstrümmer unter dem Einfluß der Schwerkraft in die Tiefe (Steinschlag) und häufen sich am Fuße steiler Wände zu Schutthalden an oder bilden an der Ausmündung der Runsen flache Schuttkegel. An steil geböschten Hängen des Hochgebirges brechen zuweilen große Massen von Gestein als Bergsturz in die Tiefe und verschütten oft die Siedelungen der Menschen (Bergsturz von Elm 1881

10 Mill. m³; interglazialer Bergsturz von Flims im Oberrheintal 12 km³). Durch starke Niederschläge aufgeweichter Boden begünstigt solche Bodenbewegungen. Tonige und mergelige Gesteine neigen bei Durchfeuchtung zu gefährlichen Rutschungen oder Bergschlipfen, bei denen mit dem Gehänge Wiesen und Wälder abgleiten. Auch im Mittelgebirge befindet sich an den Gehängen die ständig durchfeuchtete Verwitterungsdecke in einer langsam gleitenden Abwärtsbewegung; der abwärts wandernde Verwitterungsschutt ist das Gekriech, durch dessen Druck das Hakenwerfen entsteht, indem steilstehende Schichten am Gehänge abwärts gebogen werden; über dem Erdboden gekrümmte Bäume verraten das Kriechen des Schuttes. Nach Unwettern in den Alpen reißen die mit ungeheurer Gewalt abwärts stürzenden Wildbäche oft große Gesteins- und Schlammassen mit und sind als Muren sehr gefürchtet.

d) **Talbildung.** Durch die Abspülung des Verwitterungsschuttes durch das Regenwasser werden die Berge und Gebirge allmählich erniedrigt und bis auf ihre Wurzeln abgetragen. Das fließende Wasser der Bäche und Flüsse wirkt durch die beim Fließen entstehende Wirbelbewegung und durch die mitgeführten Gesteinstrümmer wie eine Säge auf den Untergrund und gräbt im Laufe der Jahrtausende tiefe Talfurchen ein. Dieses Einschneiden oder Ausnagen ist die Erosion; ihre Wirkung ist abhängig vom Gefälle und von der Wassermasse, welche die Geschwindigkeit der Strömung bedingen. Im Oberlauf, wo das Gefälle am größten ist, ist auch die Tiefenerosion am stärksten. Bei kräftiger und rascher Tiefenerosion entsteht eine Klamm, eine enge Schlucht mit oft senkrechten Wänden (Höllentalklamm); bei langsamer Arbeit der Tiefenerosion eine Talfurche mit steil V-förmigem Querschnitt, da die Gehänge durch Abbröckelung und Abspülung abgeschrägt werden können (Bodetal, Coloradokañon).

Die linienhaft wirkende Erosion erzeugt also je nach dem Gefälle Täler mit steilerem oder flacherem V-förmigem Querschnitt. Wenn die Tiefenerosion im Mittel- oder Unterlauf erlahmt, arbeitet der Fluß durch die Unterspülung der Gehänge wirksam an der Verbreiterung des Tales, so daß ein Sohlental mit einer breiten Talaue entsteht. Wenn auch die Seitenerosion aufhört, werden die Gehänge nur noch durch Verwitterung und Abspülung abgeschrägt. Die wasserscheidenden Kämme zwischen den Tälern werden mehr und mehr erniedrigt und eingeebnet; so kann ein hochragendes Gebirge zu einer niedrigen eintönigen Fastebene (Peneplain) abgetragen werden. Fastebenen sind die Hochebene des Unterharzes und viele Teile des rheinischen Schiefergebirges.

Nur selten verläuft die Talbildung so einfach; die Entwicklungsgeschichte der Täler zeigt vielmehr, daß Zeiten der Tiefenerosion mit Zeiten abwechseln, in denen die Tiefenerosion zum Stillstand kommt. Wenn durch eine Hebung eine Neubelebung der Tiefenerosion eintritt, so graben sich die Flüsse neue Täler in die bisherigen breiten Talauen ein, deren

Reste als Terrassen an den Gehängen erhalten bleiben. Jede Hebung hat eine erneute Eintiefung zur Folge und läßt Reste der bisherigen Talböden als Terrassen zurück. Rhein, Main, Mosel, Weser u. a. Flüsse werden in ihrem Lauf vielfach von Terrassenzügen begleitet, deren Untersuchung bei manchen Flüssen die Talgeschichte bis in die Tertiärzeit zurück zu verfolgen gestattet.

e) **Ablagerungen der Flüsse.** Ein großer Teil der lebendigen Kraft des fließenden Wassers wird zur Beförderung fester Stoffe verbraucht, von Sand, Schlamm und Geschieben. Die Menge der von Flüssen mitgeführten Sinkstoffe und Geschiebe ist vom Gefälle und von der Wassermenge abhängig und wächst bei Hochwasser außerordentlich. Nach einem heftigen Gewitterregen enthielt der 6 km lange Leutrabach bei Jena im Liter 7,5 g Schlamm und führte an einem einzigen Tage aus seinem Tal eine Menge fester Bestandteile, die dem Inhalt eines Würfels von 10 m Kantenlänge entsprach. Die Geschiebeabfuhr wird dadurch begünstigt, daß das spez. Gewicht der Gesteine im Wasser um 1 verringert wird und die Gesteine leichter schiebend fortbewegt werden. Durch die schiebende Bewegung werden Ecken und Kanten abgeschliffen, und es entstehen rundliche, meist flach scheibenförmige Geschiebe. Jeder Fluß gleicht so einem Güterzug ohne Ende, der unaufhörlich feste Bestandteile aus seinem Einzugsgebiet fortschafft und ins Meer befördert. In 9,5 km³ Wasser führte die Elbe 1877 aus ihrem Einzugsgebiet in Böhmen 1530000 t Flußtrübe und gelöste Stoffe heraus. Zur Beförderung dieser Massen wären 3060 Güterzüge zu je 50 Wagen nötig, wenn jeder Wagen 10 t Traglast hat. Ein Teil der Geschiebe und des Sandes wird an Stellen abgelagert, wo infolge der Abnahme des Gefälles die Stoßkraft des Wassers erlahmt, z. B. in Seen oder Talweitungen (Bodensee, oberrheinische Tiefebene). Dadurch werden nicht nur die Seen allmählich zugeschüttet, sondern auch die Talböden erhöht, so daß manche Flüsse wie der Po in einem erhöhten Bett fließen. Alle Flüsse lagern zuletzt die Sinkstoffe im Meere ab und schütten vor der Mündung ein Delta auf (Nil, Mississippi). Während die Geschiebe am Grunde des Flußbettes vorwärts bewegt werden, werden die Sinkstoffe Sand und Schlamm, die Flußtrübe, schwebend fortgeführt. Daneben enthält jedes Flußwasser noch erhebliche Mengen gelöster Stoffe, wie $CaH_2(CO_3)_2$, $CaSO_4$, $NaCl$ u. a. K- u. Mg-Salze, die dem Meere zugeführt werden und dessen Salzgehalt allmählich vermehren.

f) **Die Wirkungen des Gletschereises.** Im Hochgebirge und in den Polargebieten fallen die Niederschläge vorwiegend in fester Form als Schnee. Oberhalb der Schneegrenze verwandelt sich in den Firnmulden der Schnee unter dem Druck neugefallener Schneelagen allmählich in körnigen Firn und zuletzt in kristallinisches Gletschereis von weißlicher bis bläulich-grüner Farbe. Durch die Schichtung des Schnees entsteht die Bänderung des Gletschereises. Es wird unter Druck plastisch, daher fließen die Gletscher langsam talabwärts, in den Alpen jährlich 50 bis 250 m. An steilen Stellen bilden sich durch Zerreißen des Eises tiefe und breite Spalten. Die Gletscherzunge schmilzt oft erst weit unterhalb der Baumgrenze ab; das milchig getrübte Schmelzwasser entströmt dem Eise zuweilen durch ein Gletschertor. Der auf das Eis gefallene Verwitterungsschutt wird vom Gletscher als Moräne (Seiten- und Mittelmoränen) fortgeführt; ein Teil gelangt durch die Spalten in das Innere oder unter den Gletscher und bildet die Innen- und Grundmoränen. Sämtlicher Schutt wird an der Gletscherstirn abgelagert und bildet als Endmoräne einen oft halbkreisförmig gestalteten Schuttwall. Durch den Druck des strömenden Eises wird mit Hilfe der aus groben Gesteinstrümmern, Sand und Schlamm bestehenden Grundmoräne das Gletscherbett wie durch einen Hobel abgeschliffen und geglättet, so daß ein U-förmig gestalteter Taltrog entsteht. Unter das Meer getauchte U-Täler sind die Fjorde (Skandinavien). In der Eiszeit waren die Alpen viel stärker vergletschert; der Rheingletscher reichte bis über die Donau und der Isargletscher bis über München hinaus. Damals lag Norddeutschland unter einer viele hundert Meter mächtigen Inlandeisdecke begraben, so wie noch heute Grönland und die Antarktis vom Inlandeise bedeckt sind. Die fruchtbaren Geschiebemergel Norddeutschlands sind die Grundmoränen des nordischen Inlandeises, die oft an Seen reichen Höhenrücken beiderseits der Elbe seine Endmoränen, die Urstromtäler die Abflußrinnen der gewaltigen Schmelzwasserfluten. Rundhöcker oder rundgeschliffene Felsen, oft mit Kritzen und Schrammen bedeckt, nordische Findlinge oder erratische Blöcke sind weitere Zeugen der diluvialen Eis- oder Schneezeit.

g) **Die Arbeit des Windes.** Der Wind entfaltet seine Kraft überall da, wo er über offene Flächen ohne Hindernisse hinwegstreichen kann und trockenen Sand oder Staub zu seinem launenhaften Spiel vorfindet, also am Meeresstrande und in den wasser- und pflanzenarmen Wüsten und Steppen. An den Meeresküsten rollt der Wind die abgetrockneten Sandkörner des Strandes landeinwärts und häuft den Flugsand zu langgestreckten Küstendünen an; auf der Angriffsseite des Windes (Luvseite) fällt die Düne flach, auf der Leeseite steiler (32 bis 40°) ab. Der über die Oberfläche des Sandes in Wirbeln hinwegstreichende Wind erzeugt, ähnlich wie auf einer Wasserfläche, Wellenfurchen. Durch die stetige Umlagerung des Sandes in der Richtung des Windes werden die Dünen zu Wanderdünen, die auf der kurischen Nehrung schon eine Anzahl Dörfer verschüttet haben, bis man ihrem Wandern durch Aufforstung Einhalt geboten hat. In den Wüsten, wo kein Pflanzenkleid den lockeren Verwitterungsschutt festhält, arbeiten Wind und Stürme Hand in Hand mit der Insolation, zerreiben die von dieser zerkleinerten Gesteinsscherben zu Sand und häufen ihn zu hohen Dünenbergen an. Die eigentliche Form der Wüstendünen sind die besonders aus Turkestan bekannten halbmondförmigen Sichel- oder Bogendünen. Ungeheure Massen von Flugsand werden von dem wie ein Kehrbesen die Wüste fegenden Winde als Wanderdünen bewegt; der mit Sand beladene Wind schleift Felsen und Steine ab, erzeugt durch diesen Windschliff scharfkantige Dreikanter, erzeugt ferner an Fels- und Steinoberflächen eine firnisartige, als Wüstenlack bezeichnete Politur. Aus den zentralasiatischen Wüsten tragen die Stürme gelben feinsandigen Lehmstaub heraus und lagern ihn in China als fruchtbaren Löß ab. In ähnlicher Weise ist während der Eiszeit auch in Mittel- und Süddeutschland Löß zur Ablagerung gekommen.

3. Die Tätigkeit des Meeres. Das Meer entfaltet nach zwei Richtungen seine Tätigkeit, die einander entgegengesetzt und doch untrennbar miteinander verknüpft sind.

a) Die Zerstörung durch die Brandung. An der Oberfläche des Meeres ist beständig durch die von Wind und Sturm, durch Ebbe und Flut hervorgerufene Brandung eine Fülle von Kraft gegen die Küsten wirksam. Infolge der Hemmung der Wellenbewegung entsteht hier die Brandung mit ihren oft haushoch sich aufbäumenden Wogen. Geringer Wellenschlag in seichtem Wasser erzeugt durch Abdruck der Wellenbewegung auf dem weichen Schlamm zahlreiche parallele Wellenfurchen. Prallen aber die Sturmwogen donnernd gegen die Steilküste, dann werden die härtesten Felsen unterwühlt und zertrümmert. Die Brandung arbeitet zunächst eine Hohlkehle aus, durch Aushöhlung entstehen Höhlen und Küstentore, bis zuletzt die des Halts beraubten höheren Teile einstürzen. Die Trümmer werden in der Brandung hin- und hergerollt und zu runden Rollsteinen (Strandgeröll) abgeschliffen, gleichzeitig aber auch wie Geschosse gegen die Küstenfelsen geschleudert und verstärken die zerstörende Wirkung der Brandung. Durch diese Zerstörung oder Abrasion rückt die steile Uferwand oder das Kliff allmählich landeinwärts zurück, während vor der Küste eine sanftgeneigte untermeerische Strandterrasse ausgearbeitet wird. Bei einer allmählichen Senkung des Landes schreitet die Abrasion immer weiter vor, bis zuletzt alles Land vom Meere verschlungen ist. Bei einer Hebung zieht sich umgekehrt das Meer zurück, und alte Strandlinien zeugen dann noch von der Wirkung der Brandung (Norwegen).

b) Die aufbauende Tätigkeit des Meeres besteht in der Ablagerung aller Stoffe, welche ihm durch die Zerstörung der Küste oder durch Flüsse oder Eisberge vom Lande zugeführt werden. Diese terrigenen Trümmer werden zu Sand und Schlamm zerrieben und durch Wellen und Strömungen verbreitet. Dabei werden die Sinkstoffe nach Korngröße und Gewicht sortiert und am Meeresboden zusammen mit den unverweslichen Resten der Meerestiere als Sedimente oder Schichten abgelagert.

4. Entstehung und Einteilung der Sedimente. Den aus einem Schmelzfluß durch Erstarrung entstandenen Eruptiv- oder primären Gesteinen werden die Sedimente als sekundäre Gesteine gegenübergestellt. Zusammensetzung und Form der Sedimente sind abhängig von den bei ihrer Bildung mitwirkenden Kräften. Durch die anorganischen Kräfte werden die minerogenen, vorwiegend von der Zerstörung bestehender Gesteine herrührenden Stoffe abgelagert, während durch Pflanzen und Tiere organogene Ablagerungen gebildet werden. Nach dem Bildungsraum sind folgende Sedimente zu unterscheiden:

a) Festländische oder kontinentale Sedimente sind Absätze des Wassers, des Gletschereises und des Windes, also von Kräften, deren Verbreitung vom Klima abhängig ist. In niederschlagsreichen Gebieten, deren Flüsse durch dauernde Wasserführung gekennzeichnet sind, wird der gesamte Verwitterungsschutt ins Meer befördert. Flüsse von Trockengebieten führen oft nur vorübergehend Wasser, gelangen nicht bis zum Meere und enden entweder in abflußlosen Binnenseen (Wolga) oder versiegen durch Verdunstung (Tarim). In den abflußlosen Gebieten — rund ein Viertel der Landoberfläche ist abflußlos — lagern die Flüsse Geschiebe und Sand von oft ganz erstaunlicher Mächtigkeit ab (Transkaspien, Prärien am Fuße des Felsengebirges), oder häuft der Wind Dünensand und Steppenstaub (Löß) an.

In Seen kommen Geschiebe, Sand, Ton und Kalkschlamm (Seekreide) zum Absatz. Die Verlandung eines Sees vollzieht sich zuletzt unter starker Beteiligung von Pflanzen. Aus den im Wasser schwebenden Mikroorganismen (Diatomeen, Krebs'chen u. a.) entsteht zunächst ein organischer gallertartiger Faulschlamm, aus den dann eindringenden Röhrichtpflanzen wie Schilf, Simsen, Schachtelhalmen, Kalmus unter Luftabschluß eine Humusanhäufung oder Torf; später haben auch Reste von Bäumen wie Erlen, Birken u. a. (Flachmoor oder Waldmoor) Anteil an der Torfbildung. Steinkohlen und Braunkohlen sind aus Waldmooren entstanden, letztere aus Mooren mit üppiger subtropischer Pflanzenwelt, ähnlich den Swamps an der atlantischen Küste der Vereinigten Staaten. Während Braun- und Steinkohlen Humuskohlen sind, entsprechen die Pechkohlen und Mattkohlen dem Faulschlamm, aus dem sich wahrscheinlich auch Petroleum bildet.

Auf dem Lande entstehen noch als chemische Absätze aus kalten oder heißen Quellen, Kalksinter (Tropfstein) und Kieselsinter (Geysire).

b) Die marinen Sedimente nehmen den größten Teil der Landoberfläche ein; wie heute war das Meer stets der Hauptbildungsraum der Schichtgesteine. In der Nähe der Küsten lagern sich die terrigenen Stoffe wie Brandungsgeröll, Sand und Tonschlamm ab, in verschiedenem Grade vermischt mit den Resten von Meerestieren. Die meist aus kohlensaurem Kalk bestehenden Hartteile von Muscheln, Schnecken, Brachiopoden, Krebsen, Seeigeln, Seesternen und Seelilien, von Foraminiferen, und in der Vorzeit von Goniatiten, Ammoniten und deren Verwandten liefern Kalksand, der zu Kalkstein verhärtet und zahlreiche, mehr oder weniger gut erhaltene Reste dieser Tiere als Versteinerungen enthält (Muschelkalk). Zu diesen organogenen Flachseeablagerungen gehören auch die Korallenriffkalke; ihre Erbauer sind die nur in tropischen Meeren lebenden Korallen, und in den Lücken der Riffe finden sich die Schalen zahlreicher, meist dickschaliger Schnecken, Muscheln und anderer Tiere. Die Korallenriffe erreichen oft eine große Mächtigkeit. Nach dem Tode der Tiere verwandelt sich das Calciumkarbonat durch Aufnahme von Magnesiasalzen aus dem Meerwasser in Dolomit um (54% $CaCO_3$ und 46% $MgCO_3$). Korallenriffe der Vorzeit finden sich in der Eifel und im Harz (Rübeland) aus dem Devon und in den Dolomiten von Südtirol (Schlern) aus der alpinen Trias.

In den großen Tiefen der Weltmeere lagern sich kalkige oder tonige Schichten ab, die meist frei von terrigenen Bestandteilen sind —, bis auf eingewehte vulkanische Aschen. Tiefseeabsätze sind der Globigerinenschlick aus Foraminiferen und der Radiolarienschlick; die größten Tiefen und größten Strecken, ein Gebiet 13 mal so groß wie Europa, sind bedeckt mit dem kalkfreien roten Tiefseeton, dem bis auf die Zähne von Haifischen und die Knochen von Walen organische Reste völlig fehlen.

Das Meer ist das Sammelbecken aller von den Flüssen in gelöster Form mitgeführten Salze. Während das ins Meer gelangende Calciumkarbonat sofort von den kalkabsondernden Meerestieren zum Bau ihrer Schalen und damit zur Bildung neuer Kalksedimente verbraucht wird, haben sich andere Salze allmählich zum Salzgehalt des Meeres angereichert, der im offenen Meer 3,6% beträgt. Das gesamte im Meerwasser aufgelöste Salz würde die Erdoberfläche als eine 31 m dicke Schicht bedecken. Trotz aller Schwankungen des Salzgehaltes (Ostsee bei Rügen 0,8%, östliches Mittelmeer bis 4,2%), ist das Verhältnis seiner Salze stets gleich: 78% NaCl; 10,9% $MgCl_2$; 4,7% $MgSO_4$; 3,6% $CaSO_4$; 2,5% K_2SO_4. Während der Karbonatgehalt des Meerwassers in 1200 Jahren ergänzt wäre, würde für die Chloride ein Zeitraum von 190 Mill. Jahren erforderlich sein. Wie in den Salzseen der Wüstengebiete durch Verdunsten des Wassers die Salze ausgeschieden werden (Karabugasbusen), so kann auch aus einem vom offenen Meere abgeschnürten Meeresteil durch Verdampfen des Wassers ein Salzlager gebildet werden. Die Ausscheidung ist abhängig von der Löslichkeit der Salze, der Konzentration und Temperatur der Lösung. In den riesigen deutschen Zechsteinsalzlagern (vgl. S. 31) beginnt die Salzfolge stets mit Anhydrit, darüber folgen das ältere Steinsalz und zuletzt die am leichtesten löslichen Kali-Magnesiasalze (Abraumsalze). Die Salze wurden also nach ihrer Löslichkeit ausgeschieden. Während Bromsalze vorkommen, fehlt jeglicher Jodgehalt.

Schichten

c) **Die wichtigsten Mineralien der Sedimentgesteine:**
1. Quarz SiO_2
2. Glimmer, Muskovit
3. Kaolinit $H_4Al_2Si_2O_9$
4. Brauneisen $Fe(OH)_3$
5. Kalkspat $CaCO_3$
6. Dolomit $(CaMg)CO_3$
7. Anhydrit $CaSO_4$; Gips $CaSO_4 \cdot 2H_2O$
8. Steinsalz NaCl
9. Sylvin KCl
10. Carnallit $KCl \cdot MgCl_2 \cdot 6H_2O$
11. Kieserit $MgSO_4 \cdot H_2O$
12. Opal $SiO_2 \cdot nH_2O$
13. Eisenkies FeS_2.

d) **Einteilung der wichtigsten Sedimentgesteine.** Die Sedimente, Absatzgesteine oder sekundären Gesteine entstehen durch Verwitterung, Auslaugung und Absatz:

α) Die ungelösten Bestandteile, der Verwitterungsrückstand, liefern
I. **mechanische Sedimente** oder Trümmergesteine durch Absatz:
1. Verwitterungsschutt, Gehängeschutt, Brekzien mit eckigen Bruchstücken, Moränen;
2. Geschiebe, Schotter, Gerölle, Konglomerate mit gerundeten Bruchstücken;
3. Sandstein: Flußsand, Seesand, Dünensand mit kieseligem, kalkigem, tonigem oder Eisenhydroxydbindemittel.
4. Tongesteine: Kaolin, Ton, Tonschlamm; Löß, Lehm; Letten = meist bunte, geschichtete Tone; Mergel = Tone mit $CaCO_3$ und $MgCO_3$; Schieferton; Tonschiefer (Dachschiefer).

β) Die gelösten Bestandteile, die Verwitterungslösung, liefern
II. **chemische Sedimente** durch Ausscheidung:
1. Anhydrit, Gips
2. Steinsalz
3. Kalisalze
4. Kalkoolith
5. Eisenoolith
6. Kalksinter
7. Kieselsinter.

III. **organische Sedimente** durch die Tätigkeit von Tieren u. Pflanzen:
1. Kalkschlamm, Kalkstein, Kreide, Dolomit
2. Kieselgur, Kieselschiefer.
Ferner nicht aus Verwitterungslösung:
3. Torf, Braunkohle, Steinkohle, Anthrazit
4. Faulschlamm, Bitumen, Erdöl, Asphalt.

5. Schichten. Den Sedimenten wird durch ihre Entstehung als Absätze von Sinkstoffen oder Ausscheidungen aus Lösungen als bezeichnendes Merkmal die Schichtung aufgeprägt, die nur den massigen Korallenriffkalken abgeht. Schichten sind wie Blätter eines Buches regelmäßig übereinander gelagerte Gesteinsplatten, die durch Schichtfugen getrennt werden. Die Schichtgrenzen entstehen in der Regel durch einen geringfügigen Wechsel der abgelagerten Gesteinsstoffe. Sandsteinbänke werden oft durch dünne Tonzwischenlagen getrennt. Die Dicke oder Mächtigkeit der Schichten schwankt von papierdünnen Lagen bis zu meterstarken Bänken. Die Mächtigkeit jeder Schicht nimmt gegen den Rand ihres Ablagerungsraumes ab, die Schicht keilt aus. Die Beschaffenheit der Schichtflächen läßt häufig erkennen, unter welchen Umständen die Ablagerung vor sich gegangen ist, sie zeigt z. B. Wellenfurchen, Trockenrisse (Netzleisten), Regentropfeneindrücke, Kriechspuren; die Versteinerungen sind oft auf den Schichtflächen besonders zahlreich. Flußablagerungen haben in der Schrägschichtung, die durch den

Wechsel der Strömungsrichtung des Wassers entsteht, ein sehr bezeichnendes Gefüge, das ähnlich bei Dünensanden auftritt. Bei ungestörter Lagerung sind die unteren Schichten, das Liegende, älter als die höheren

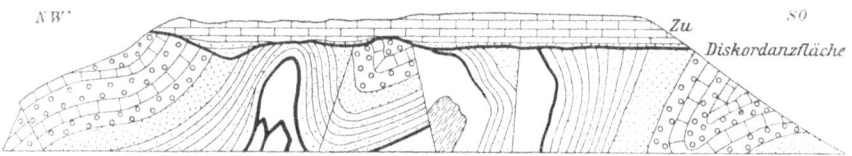

Abb. 5. Am Bohlen bei Saalfeld werden stark zusammengefaltete, durch drei Verwerfungen in Schollen zerbrochene und abgetragene Schichten des Devons diskordant von wagerechten Zechsteinschichten überlagert.

Schichten oder das Hangende. Auf der Aufeinanderfolge der Schichten beruht die geologische Zeitbestimmung. Wenn eine Reihe von Schichten ungestört wie Blätter eines Buches übereinander gelagert sind, so wird eine solche Schichtfolge als konkordant bezeichnet. Bei diskordanter Lagerung hat zwischen dem Absatz einer älteren und einer jüngeren Schichtfolge eine Störung und zeitliche Unterbrechung der Ablagerung stattgefunden; z. B. können Schichten gefaltet und abgetragen werden, und nach einer Senkung unter den Meeresspiegel können auf der alten Festlandsoberfläche neue Sedimente gebildet werden, die zu den gefalteten ungleichförmig oder diskordant lagern (Bohlen bei Saalfeld in Thüringen, Abb. 5). Das Auftreten einer Schicht an der Erdoberfläche ist ihr Ausstreichen. Die Lage geneigter Schichten im Raume wird durch zwei aufeinander senkrechte Richtungen, Streichen (Abb. 6) und Fallen, angegeben. Unter dem Einfallen versteht man den Neigungswinkel einer Schicht mit der Horizontalebene; das Streichen steht senkrecht dazu und gibt die Richtung einer in der Schichtfläche liegenden Horizontallinie an. Streichen und Fallen werden mit dem bergmännischen Kompaß gemessen, auf welchem O und W vertauscht sind.

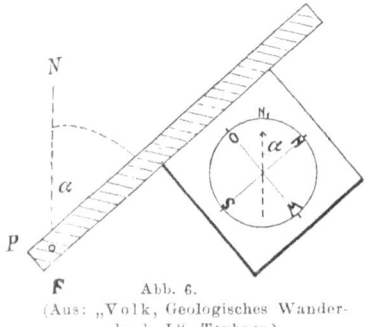

Abb. 6.
(Aus: „Volk, Geologisches Wanderbuch, I." Teubner.)

III. Die Einwirkungen der Erdtiefe auf die Erdrinde.

1. Hebungen und Senkungen. Nirgends liegen die Ablagerungen aus allen geologischen Zeiten noch wagerecht und konkordant übereinander, vielmehr haben überall im Laufe der Erdgeschichte beständig Verschiebungen der Meere und Festländer stattgefunden, haben Zeiten der Ablagerung mit Zeiten der Gesteinszerstörung gewechselt. Langsam und fast unmerklich verlaufende Bewegungen, deren Wirkungen erst nach Hunderten oder Tausenden von Jahren sichtbar werden, bezeichnet man als säkulare Hebungen und Senkungen (gehobene Strandlinien in

Norwegen). Die **Trichtermündungen** aller Flüsse von der Elbe bis zum Guadalquivir lassen eine junge Senkung dieses Teils der europäischen Westküste erkennen. Wenn bei einer allmählichen Senkung das Meer über ein Land hinwegschreitet, so bezeichnet man diese Überflutung als **Transgression**. In der Erdgeschichte lassen sich überall auf der Erde wiederholt großartige Transgressionen nachweisen, in Deutschland z. B. in der Zechsteinzeit, zu Beginn der Jurazeit und während der Kreidezeit.

2. Erdbeben. Die meisten Menschen bei uns sind gewohnt, die Erdrinde als starr und unbeweglich anzusehen, weil Erschütterungen des Bodens äußerst selten und nur sehr schwach auftreten. Aber die „Erdfeste" ist eine Täuschung. In Italien, Japan, an der Westküste des amerikanischen Festlandes sind plötzliche, ruckweise Erschütterungen des Bodens durch **Erdbeben** fast alltäglich, und die Erdbebenforschung hat festgestellt, daß mindestens täglich die Erdrinde irgendwo erbebt, daß es kaum erdbebenfreie Gebiete gibt und daß die Erdbeben in engem Zusammenhang mit der Gebirgsbildung stehen. Heftige Erdbeben gehören zu den furchtbarsten Naturereignissen, von denen die Menschen betroffen werden; Sekunden genügen, um Hunderte von Städten und Dörfern in Trümmerhaufen zu verwandeln und Tausende von Menschenleben zu vernichten (**1755 Erdbeben von Lissabon 60000, 1783 Kalabrien 30000, 1908 Messina etwa 200000 Tote**). Die Erdbeben bestehen in wellenförmigen Bewegungen oder Stößen, die die Erdoberfläche treffen, am stärksten über der Erregungsstelle, dem **Epizentrum**. Bei diesen Bodenbewegungen entstehen **Erdbebenspalten**, die den Geologen als **Verwerfungen** meistens wohlbekannt sind, und an denen bei einem Erdbeben Verschiebungen bis zum Betrage von mehreren Metern in senkrechter und horizontaler Richtung stattfinden können (Messina, San Franzisko 1906). Mit Vulkanausbrüchen in Zusammenhang stehende **vulkanische Erdbeben** können zwar außerordentlich heftig und verheerend sein, sind aber meist räumlich beschränkt auf die unmittelbare Nachbarschaft des Vulkangebiets. Die Hauptschüttergebiete der mit der Gebirgsbildung zusammenhängenden sog. tektonischen Beben liegen im Bereiche der gewaltigen jungen Kettengebirge, die die Erde als zusammenhängender Gürtel vom Atlantischen Ozean bei Gibraltar durch Eurasien und Amerika bis über den Südpol hinaus durchziehen (vgl. S. 37).

3. Verwerfungen. Durch die bei den tektonischen Erdbeben aufreißenden Spalten werden die oberen Teile der Erdrinde wie die berstende Eisdecke eines Sees in Schollen zerstückelt. Dabei sinken einzelne Schollen als **Senkungsfelder** in die Tiefe, während andere als **Horste** emporgepreßt werden (Abb. 7). Der Betrag der senkrechten Verschiebung ist die **Sprunghöhe** der Verwerfung, die zwischen wenigen Metern und mehreren 1000 m schwankt. Die größten Senkungsfelder der Erde sind die Meeresbecken, während die Festlandssockel gehobene Schollen größten Maßstabes darstellen. Einbrüche schmaler langgestreckter Schollen bezeichnet man als **Grabenbrüche** (Abb. 9, oberrheinische Tiefebene, Egergraben in Böhmen, großer afrikanischer Graben, Tiefseegräben), annähernd rundlich begrenzte Einbrüche als **Kesselbrüche** (die einzelnen Mittel-

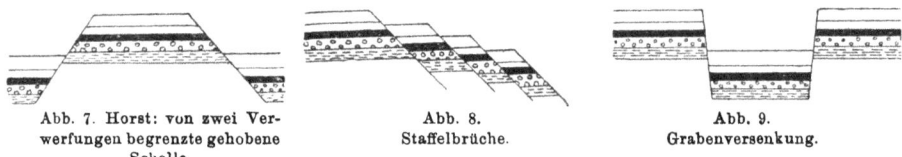

Abb. 7. Horst: von zwei Verwerfungen begrenzte gehobene Scholle.

Abb. 8. Staffelbrüche.

Abb. 9. Grabenversenkung.

meerbecken, ungarische Tiefebene); aufgepreßte Schollen sind die **Horstgebirge** Harz, Thüringer Wald, Rheinisches Schiefergebirge, Schwarzwald, Wasgenwald. Die Verwerfungen treten oft zu parallelen Schwärmen geschart auf und bewirken als **Staffelbrüche** ein treppenartiges Absinken (oberrheinische Tiefebene, Abb. 8). Viele Verwerfungen, die grundwasserführende Schichten durchsetzen, öffnen dem unterirdischen Wasser Wege nach oben und veranlassen die Bildung der meist sehr starken, kalten oder heißen **Spaltenquellen** (Wiesbaden, Karlsbad). Mit Mineralien, z. B. Erzen, Quarz ausgefüllte Spalten heißen **Gänge** (Oberharzer Erzgänge; der Pfahl im Bayrischen Wald ist ein 120 km langer Quarzgang).

4. **Die Faltung der Erdrinde.** a) Während beim Zerbrechen der Erdrinde die Auslösung der Bewegungen vorwiegend in vertikaler Richtung erfolgt, äußert sich die **Faltung** (Abb. 5) in einem horizontalen Zusammenschub der Gesteinshülle der Erde, durch den gewaltige Kettengebirge aufgestaut worden sind. In dem einfach gebauten Schweizer Kettenjura sind die Gesteinsschichten in ähnlicher Weise auf- und abgewölbt, wie man ein Tischtuch durch seitlichen Druck in Falten zusammenschieben kann. Die langgestreckten Bergketten werden durch die nach oben gebogenen Schichten oder **Sättel** gebildet, die Längstäler durch die abwärts gebogenen Schichten oder **Mulden**. In den Alpen war der Zusammenschub ungleich stärker; die Falten sind durch den aus S kommenden, sich immer mehr steigernden Druck nach N überkippt, bis schließlich die **Mittelschenkel**, d. h. die Sättel und Mulden verbindenden Zwischenstücke zerrissen und die hangenden Sättel als **Überfaltungsdecken** oder **Überschiebungen** zum Teil bis über 100 km weit nach N überschoben worden sind.

b) **Schieferung.** Bei dieser Zusammenpressung der Gesteinsschichten sind ganz ungeheure Druckkräfte tätig, unter deren Einwirkung die Gesteine hochgradig verändert werden. Plastisch werdende Gesteine zeigen Biegung durch bruchlose Umformung, spröde Gesteine sind zerbrochen und die zahllosen Spalten und Spältchen durch Minerallösungen wieder verheilt. Senkrecht zur Druckrichtung entsteht **Schieferung**, d. h. eine ausgezeichnete Spaltbarkeit des Gesteins in parallele dünne oder dickere Platten (Dachschiefer).

c) **Die Entstehung der kristallinischen Schiefer.** Alle Sediment- und Eruptivgesteine, welche dem stärksten Gebirgsdruck und gleichzeitig hohen Temperaturen ausgesetzt waren, haben durch die Einwirkung dieser **Dynamometamorphose** eine kristallinische Beschaffenheit angenommen, sind in ihrem Gefüge und ihrer mineralogischen Zusammensetzung durch Umkristallisation tiefgreifend verändert, zu kristallinischen Schiefern geworden. Aus Tonschiefern entstehen so durch immer stärkere Umwandlung **Phyllit, Glimmerschiefer, Gneis,** letzterer wie **Granit** aus Quarz, Glimmer und Feldspat bestehend; Sandstein wird zu **Quarzit,** Kalkstein zu **Marmor** (vgl. S. 26).

5. **Vulkanismus.** a) **Wärmezunahme nach der Tiefe.** Alle Beobachtungen in tiefen Schächten und Bohrlöchern zeigen, daß die Wärme stetig zunimmt, je tiefer man in die Erde eindringt. In dem bisher tiefsten Bohrloch bei Czuchow in Oberschlesien betrug die Wärme in 2221 m Tiefe 83,4°. Die Erde muß also in ihrem Innern noch eine sehr hohe **Eigenwärme** besitzen. Die Anzahl Meter, bei denen die Temperatur um 1° steigt, wird als **geothermische Tiefenstufe** bezeichnet. Bei einer Tiefenstufe von 33 m würde bei gleichmäßiger Zunahme der Wärme in 50 km Tiefe eine Temperatur von 1500° herrschen, bei der unter gewöhnlichem Druck alle Gesteine geschmolzen sind; aus mindestens 50 km Tiefe müssen daher die vulkanischen Schmelzflüsse emporsteigen. Nimmt man die Dicke der Erdkruste zu 120 bis 150 km an, so bildet diese **Gesteinshülle** oder **Lithosphäre** nur eine äußerst dünne Schale auf der **Pyrosphäre,** dem glühend heißen Erdinnern, über dessen Aggregatzustand ebensowenig Übereinstimmung unter den Gelehrten besteht wie über die Dicke der Erdrinde. Nach der Theorie von Kant und Laplace ist das feurige Innere der Erde noch ein Überrest aus ihrer fernen Jugendzeit. Inzwischen ist sie schon beträchtlich gealtert, ihr Antlitz mit vielen Runzeln und Falten bedeckt, den Faltengebirgen. In der Abkühlung des Erdinnern sehen noch heute die meisten Geologen die **Ursache der Bewegungen der Erdrinde** und der **Gebirgsbildung.** Indem sich der Erdkern infolge der Wärmeabgabe an den Weltenraum verkleinert, muß sich die zu groß gewordene Erdrinde ihm anpassen, wobei sie entweder zerbricht wie die Eisdecke eines Sees, dessen Wasserspiegel sinkt, oder indem sie sich runzelt oder faltet, wie sich ein austrocknender Apfel runzelt. Diese Auffassung wird als **Kontraktionstheorie** bezeichnet.

b) **Vulkane.** Die Vulkane sind fast immer an Gebiete starker tektonischer Störungen gebunden, in denen die Festigkeit der Erdrinde durch Spalten gelockert ist; hier ermöglicht es das aufgelockerte Gefüge der Erdkruste den im Magma unter hohem Druck eingeschlossenen Gasen nach oben emporzudringen. Diese Gase durchbrechen explosionsartig die Erdrinde und haben an der Oberfläche zuweilen wie explodierende Minen tiefe **Krater** ausgesprengt. Die heute mit Wasser erfüllten **Maare** der Eifel sind solche **Explosionskrater,** bei denen sich die

20 Grundzüge der Geologie

vulkanische Kraft mit einem einzigen Ausbruch erschöpft hat. Bei anderen Vulkanen (Abb. 10) brechen aus dem in die Tiefe führenden Kanal, dem Vulkanschlot, meist unter heftigen Erdbeben große Mengen heißer, oft giftiger Gase und Dämpfe und glühender vulkanischer Asche hervor. Vulkanische Asche ist staubfein zerschmetterte Lava, Lapilli sind kleine Steinchen, Bomben große Lavafetzen, die emporgeschleudert werden. Aus dem Krater oder den bei Eruptionen aufreißenden Spalten

Abb. 10. Zwei Seitenkegel des Ätna von 1892, aus lockeren Aschen und Lapilli aufgeschüttet; vorn links Bomben. Aus den Kratern steigen weiße Dämpfe auf.

fließt die Lava als glühender Gesteinsfluß aus. Die lockeren, zu Tuffen verhärtenden Auswurfsmassen, und die ihnen eingeschalteten Lavaströme bauen nach und nach um die Ausbruchsstelle, den Krater, einen Kegelberg auf, der nach seinem inneren Aufbau als Schicht- oder Stratovulkan bezeichnet wird (Vesuv). Zähflüssige Lava staut sich oft über der Ausbruchsstelle, und so entstehen massige Vulkane von kuppen- oder domförmiger Gestalt (Rhön, Hegau). Bei noch anderen Vulkanen bestehen die Eruptionen in gewaltigen deckenartigen Lavaergüssen (Island).

c) Nachwirkungen vulkanischer Tätigkeit. Aushauchungen von Gasen begleiten nicht nur die Eruptionen der tätigen Vulkane, sondern sind meist noch die letzten Nachwirkungen der erlöschenden vulkanischen Tätigkeit. In den Solfataren strömen Schwefelwasserstoff oder schweflige Säure aus, in den Fumarolen Wasserdampf und in den Mofetten Kohlendioxyd (Laacherseegebiet, Hundsgrotte bei Neapel). Zu den Fumarolen stehen wahrscheinlich die heißen Springquellen oder Geysire (Yellowstonepark, Island) und manche Thermen in Beziehung (Karlsbad).

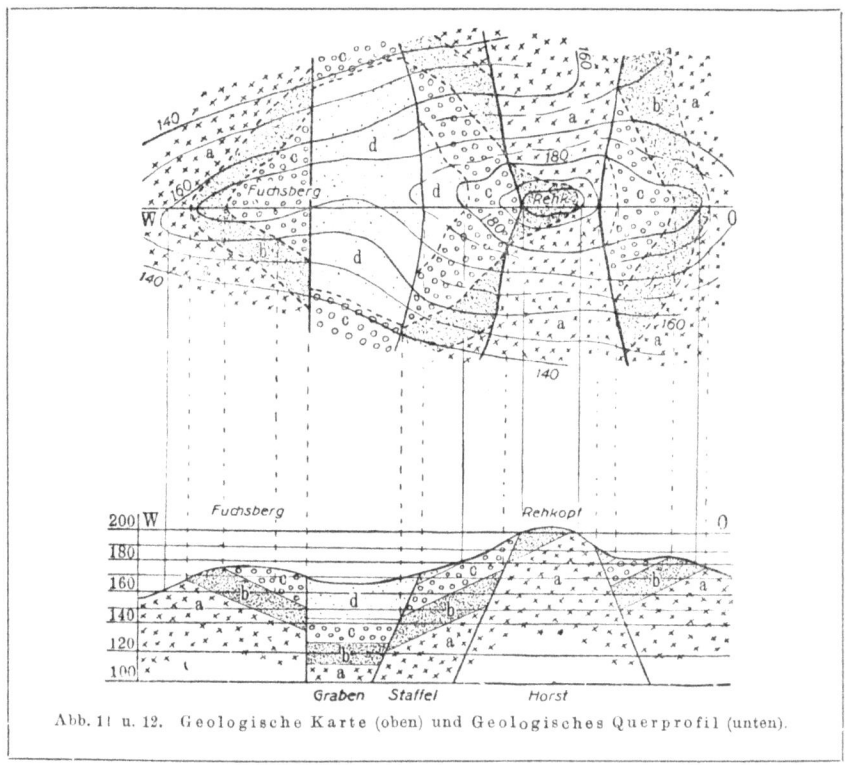

Abb. 11 u. 12. Geologische Karte (oben) und Geologisches Querprofil (unten).

Anhang. Geologische Karten und Profile. Auf den geologischen Karten (Abb. 11) sind die Verbreitung und Lagerung der Schichten, Eruptivgesteine und Mineralgänge durch Farben wiedergegeben, die Verwerfungen als Linien. Das Ausstreichen ist im Grundriß dargestellt. Als topographische Grundlage der geologischen Spezialkarten dienen meistens die Meßtischblätter im Maßstabe 1 : 25 000, während Übersichtskarten einen kleineren Maßstab haben. Auf den Meßtischblättern wird das Gelände durch Höhenlinien oder Isohypsen, die Punkte gleicher Höhe über Normalnull (N. N.) verbinden, dargestellt. Auf den preußischen Meßtischblättern haben die Höhenlinien 20, 10, 5 und im Flachlande $1^{1}/_{4}$ m Abstand. Wenn die Schichtgrenzen den Höhenlinien parallel laufen, so liegen sie wagerecht; schneiden sie die Höhenlinien, so sind sie geneigt. Aus ihrer Lage zu den Höhenlinien kann man die Richtung des Einfallens ablesen, da geneigte Schichten, wenn sie nicht überkippt sind, nach dem Jüngeren oder dem Hangenden hin einfallen.

Die geologischen Profile sind Querschnitte durch ein Gebiet und stellen die Lagerungsverhältnisse im Aufriß dar. Bei der Herstellung eines Profils (Abb. 12) gibt man seinen Verlauf auf der geologischen Karte durch eine Linie an. Die Länge dieser Linie zeichnet man in Millimeter-

Die Vergangenheit der Erde.

Zeitalter	Formationen	Stufen	Wichtigste Ereignisse	Wichtigste Tiere und Pflanzen
Neuzeit, Känozoisches Zeitalter	Quartär	Alluvium	Absätze der heutigen Gewässer, tätige Vulkane	Menschenreste der jüngeren Steinzeit
		Diluvium	Vereisung Norddeutschlands; Urstromtäler; Löß	Ält. Steinzeit; Mammut, Höhlenbär, Ren
	Tertiär	Pliozän	Seit dem Pliozän: Ausgestaltung der heutigen Flußtäler	Entwicklung des Menschen
		Miozän	Im Miozän: Vulkanische Eruptionen (Rhön, Eifel, Vogelsberg)	Erste Menschenaffen
		Oligozän	Im Miozän und Oligozän: Entstehung von Braunkohlenlagern (Niederrhein, Lausitz, Halle, Zeitz, Leipzig)	Entwicklung und Blütezeit der Landsäugetiere und Angiospermen
		Eozän	Vom Oligozän bis Pliozän: Auffaltung großer Kettengebirge: Alpen, Himalaya, Kordilleren. Einbrüche des Mittelmeeres	
	Kreide	Obere Kreide	Schreibkreide, Quadersandstein Große Meerestransgression	Aussterben der Ammoniten u. Belemniten. Emporkommen der Säugetiere. Aufblühen der Vögel. Entwicklung der Laubbäume (Windblüter). Riesenflugsaurier. Knochenfische
		Untere Kreide	Mehrfache Transgressionen Abtragung der Mittelgebirge (Harz)	
Mittelalter, Mesozoisches Zeitalter	Jura	Weißer Jura, Malm Brauner Jura, Dogger Schwarzer Jura, Lias	Am Ende der Jurazeit erste Entstehung der Mittelgebirge (Harz, Thüringer Wald, Rheinisches Schiefergebirge) Ausgedehnte Meeresbedeckung	Älteste Vögel (Archaeópteryx). Flugsaurier. Große Meeressaurier. Blütezeit der Ammoniten und Belemniten. Koniferen. Zykadeen
	Trias	Keuper Muschelkalk Buntsandstein	Lagunenbildungen Binnenmeer Fluß- und Seeablagerungen in einem Trockenklima Alpine Trias (Hochseeablagerungen)	Älteste Säugetiere. Lungenfische. Aufblühen der Saurier. In der alpinen Trias Ammoniten und Korallen. Koniferen. Zykadeen

Altertum, Paläozoisches Zeitalter	Perm	Zechstein	Steinsalzlager mit Kalisalzen in einem trock. Klima Zechsteinkalk und Bryozoenriffe, Kupferschiefer Wüstenbildungen	Aufblühen der Ammoniten in Rußland und Indien. Schmelzschupper. Stegozephalen. Koniferen, Zykadeen
		Rotliegendes	Große vulkanische Ausbrüche von Porphyren Abtragung der mitteldeutschen Alpen Permokarbonische Eiszeit in Südafrika und Indien Hochseeablagerungen: Produktuskalk in Indien	
	Karbon	Produktives Karbon	Abtragung der mitteldeutschen Alpen Entstehung der Steinkohlenlager Auffaltung der mitteldeutschen Alpen	Blütezeit der Pteridophyten: Farne, Schachtelhalme, Sigillarien, Lepidodendren Erste Amphibien
		Kulm	Schiefer, Grauwacken, Kohlenkalk	
	Devon	Oberes	Im Ober- u. Mitteldevon: Schiefer (z. T. Dachschiefer) Korallenkalke und Diabaseruptionen im Harz, im Lahngebiet und in der Eifel. Mächtige Sandsteinablagerungen am Rhein: Coblenzschichten, Hunsrückschiefer, Taunusquarzit Old Red-Sandstone: mächtige rote Sandsteine mit Landpflanzen, Panzerfischen und Riesenkrebsen in Schottland, Skandinavien, Spitzbergen, Nordrußland	Korallen. Goniatiten. Panzerfische. Riesenkrebse. Älteste Lungenfische. Brachiopoden
		Mittleres		
		Unteres		
	Silur	Oberes	Meer: Kalk und Schiefer. Frankenwald, Ostseeprovinzen	Panzerfische. Riesenkrebse. Trilobiten. Nautiliden. Graptolithen. Älteste Wirbeltiere: Fische
		Unteres		
	Kambrium		Meer; im Norden eine Eiszeit. Böhmen, England	Nur wirbellose Meerestiere: Trilobiten. Brachiopoden. Quallen
Archäisches Zeitalter	Vorgeschichte der Erde	Ozeanische Periode	Entstehung der ältesten Meere und Sedimente	Entstehung der ältesten Lebewesen
		Vorozeanische Periode	Entstehung einer Erstarrungskruste	
Urzeit	Sternzeitalter		Die Erde als leuchtender Stern	

papier ein und trägt darauf ihre Schnittpunkte mit den Isohypsen ab. In diesen Punkten errichtet man Senkrechte, auf denen die Höhen der Isohypsen abgetragen werden; beim Maßstab 1:25000 entsprechen 25 m in der Natur 1 mm des Profils in Länge und Höhe. Durch die Verbindung dieser Punkte erhält man zunächst ein Profil des Geländes. In diese topographische Profillinie trägt man ebenso die Schichtgrenzen und Verwerfungen ein, bestimmt Richtung und Größe des Einfallens und zeichnet unter Berücksichtigung der Sprunghöhe der Verwerfungen, die aus den Schichtenmächtigkeiten berechnet werden kann, die Schichten ein.

IV. Die Geschichte der Erde (historische Geologie).

1. Die geologische Altersbestimmung. Die Erdgeschichte ist die Geschichtsschreibung der Erde seit ihrer Entstehung. Durch diese Aufgabe ist die Geologie nicht nur eine Naturwissenschaft, sondern zugleich eine geschichtliche Wissenschaft. Die Zeitrechnung der sog. Weltgeschichte ist eine absolute, d. h. sie vermag nicht nur die Aufeinanderfolge, sondern meistens auch die Zeitdauer der Ereignisse zu bestimmen. Wenn uns z. B. die Geschichte sagt, daß Heinrich I. von 919 bis 936 König war, und daß nach ihm Otto der Große von 936 bis 973 regierte, befindet sich der Geologe in der Lage eines Geschichtsforschers, der nicht angeben kann, wie lange die beiden Herrscher regiert haben, sondern nur feststellen kann, daß nach Heinrich Otto lebte. Die Zeitdauer geologischer Ereignisse läßt sich weder nach Jahren berechnen oder auch nur schätzen; die Geologie kann nur feststellen, daß eine Schicht jünger oder älter ist als eine andere, ein Ereignis früher oder später war, d. h. nur die Zeitfolge; ihre Zeitrechnung ist daher eine relative. Immerhin muß die Geologie mit ungeheuer langen, nach Hunderten von Millionen Jahren zählenden Zeiträumen rechnen.

Die geologische Zeitbestimmung beruht 1. auf der Aufeinanderfolge der Sedimente; 2. auf den in ihnen enthaltenen Versteinerungen. Jedes Zeitalter hat zahlreiche Schichten hinterlassen, die ursprünglich wie die Blätter eines Buches übereinander abgelagert wurden. Bei ungestörter Lagerung sind die unteren Schichten die zuerst abgelagerten, also die älteren, die höheren die jüngeren (vgl. S. 16). Die Sedimente sind gleichsam die Seiten im „Buche der Erdgeschichte", die Versteinerungen aber die Seitenzahlen darin. In die Sedimente sind vielerlei Reste von Tieren und Pflanzen, die in den früheren Erdzeitaltern lebten, eingebettet worden; so sind z. B. die Hartteile von Tieren, etwa die Knochen, Muschel- oder Schneckenschalen versteinert, oder auf den Schichtflächen finden sich die Abdrücke von Schalen, Fährten, Pflanzen und dergl.; alle diese von dem Dasein von Lebewesen zeugenden Reste werden als Versteinerungen oder Fossilien bezeichnet. Ihre Bedeutung beruht darin, daß die Lebewelt der Vorzeit verschieden war von der heutigen, daß in jeder Zeit eine besondere Tier- und Pflanzenwelt gelebt hat, und daß sich jede Lebewelt aus der des vorhergehenden Zeitabschnitts allmählich entwickelt hat. Dieselbe Tierform, dieselbe Pflanze kehrt niemals wieder; wohl aber beweist eine gleichartige oder ähnliche versteinerte Lebewelt die Gleichaltrigkeit der sie einschließenden Schichten. Versteinerungen, die in einer Schicht sehr häufig und weitverbreitet sind, sich also für die Altersbestimmung besonders eignen, heißen Leitfossilien. Wie heute dicht nebeneinander ein versteinerungsreicher Korallenkalk und ein fossilleerer Wüstensand abgelagert werden können, so war es auch in der Vorzeit. Gleichaltrige, verschiedenartig ausgebildete Schichten werden als verschiedene Fazies bezeichnet. Die Altersbestimmung faziell voneinander stark abweichender Schichten ist oft sehr schwierig.

2. **Einteilung der Erdgeschichte.** Wie man in der Weltgeschichte die geschichtlichen Ereignisse in große Abschnitte zusammenfaßt, die man als Vorzeit, Altertum, Mittelalter und Neuzeit unterscheidet, so teilt man auch den Entwicklungsgang der Erde in größere und kleinere Zeitabschnitte ein; die großen Abschnitte nennt man Zeitalter, die kleineren Formationen oder Systeme, die in noch kleinere oder Stufen zerfallen; die kleinsten Zeitabschnitte sind die Zonen. Die Namen der Zeitalter beziehen sich auf die Entwicklung der jeweilig lebenden Tierwelt; die Formationsnamen sind entweder nach bestimmten Gesteinen oder nach dem Vorkommen in einer Gegend geprägt worden, wo die betreffenden Schichten zuerst untersucht wurden. Einen Überblick über die Einteilung der Erdgeschichte gibt die Zusammenstellung auf S. 22 u. 23.

3. **Die Urzeit.** a) **Sternzeitalter der Erde.** Über die Entstehung und die älteste Entwicklung der Erde gibt die Astronomie Aufschluß. Nach der Lehre von Laplace (1796) war unser Sonnensystem ursprünglich ein riesiger Gasball, ähnlich den Gasnebeln oder Nebelflecken. Von diesem sich von Westen nach Osten drehenden Gasball lösten sich infolge der Fliehkraft am Äquator Ringe ab, aus denen sich die Planeten bildeten. Lange Zeiten hindurch war die Erde ein selbstleuchtendes Gestirn aus glühenden Gasen; durch Abkühlung wurde sie später ein glühend-flüssiger Ball, der von einer noch immer sehr heißen, dichten Atmosphäre umgeben war.

b) **Vorozeanische Zeit der Erde.** Die immer mehr erkaltende Erde bedeckte sich später mit einer Erstarrungskruste, die wie ein Panzer das glühende Erdinnere (Magma) umschloß. Die älteste Rinde bestand aus Eruptivgesteinen; im Anfang zerbrach sie immer wieder, so daß das Magma an die Oberfläche emporderang und hier erstarrte. Diesen Vorgang der Verdickung und Verfestigung der Erdrinde nennt Stübel (1901) die „Panzerung" der Erde. Innerhalb der „Panzerdecke" sollen Herde glühenden Magmas erhalten geblieben sein, denen die Laven der heutigen Vulkane entstammen sollen. Bisher hat man noch nirgends Spuren der ersten Erstarrungskruste der Erde feststellen können.

4. Archäisches Zeitalter. Nach weiterer Abkühlung der Oberfläche der Erde und ihrer Atmosphäre auf 365⁰ entstand aus dem Wasserdampf das erste flüssige Wasser und der erste Regen, während sich in Vertiefungen der Erdrinde das Wasser zu den ältesten Meeren sammelte. Und nun begann der für die fernere Ausgestaltung des Erdantlitzes so wichtige Kreislauf des Wassers. Erst seitdem auf der Erde Meere bestehen, in denen sich Sedimente bildeten, kann man auch von einer eigentlichen Erdgeschichte sprechen. Wie in der sog. Weltgeschichte gibt es in der Erdgeschichte vor der Geschichte im eigentlichen Sinne eine Vorgeschichte, in die außer der Geburt des Meeres auch die Entstehung des Lebens fällt. Die Erdgeschichte beginnt tatsächlich erst zu einer Zeit, als es auf der Erde schon hoch entwickelte Tiere (Krebse) gab, während die Anfänge des Lebens viel, viel weiter zurückliegen und in völliges Dunkel gehüllt sind. Denn an den ältesten Sedimenten ist die Zeit nicht spurlos vorübergegangen; wie ein Mensch sind auch sie gealtert, durch Faltungen umgewandelt und verändert worden, und aus ursprünglich normalen Sedimenten (oder Eruptivgesteinen) sind kristallinische Schiefer, Phyllite, Glimmerschiefer und Gneise geworden (vgl. S. 19). Dabei sind die in ihnen enthaltenen organischen Reste ebenfalls umgeprägt oder vernichtet worden; ein Kalkstein, der vielleicht aus den Kalkschalen uralter Meerestiere gebildet wurde, tritt uns jetzt als Marmorlager entgegen, während manche Graphite vielleicht als Reste der ältesten Pflanzen anzusehen sind.

5. Altertum oder paläozoisches Zeitalter. Die paläozoischen Formationen umfassen eine bis über 30000 m mächtige Schichtenfolge verschiedenartiger Sedimentgesteine, meist dunkle Tonschiefer, Sandsteine, Grauwacken und Konglomerate, seltener Kalksteine und Kieselschiefer.

a) **Kambrium.** In Deutschland konnten Ablagerungen dieser Zeit mit Sicherheit noch nicht festgestellt werden; in Mittelböhmen finden sich in dunklen Schiefern zahlreich versteinert die Reste der Bewohner des kambrischen Meeres, dessen Sedimente in den Ostseeprovinzen, in Schweden, England und Nordamerika große Flächen bedecken. Unter der ärmlichen, noch nicht hoch entwickelten und nur aus Wirbellosen bestehenden kambrischen Meeresfauna sind — in zusammen etwa 1000 Arten — Radiolarien, Quallen, Stachelhäuter, Armfüßer oder Brachiopoden, Kopffüßer und vor allem zahlreich Trilobiten, das sind ausgestorbene Dreilappkrebse (Abb. 13), vertreten. Im Norden hat man Spuren einer Eiszeit aufgefunden.

b) **Silur.** Das Silurmeer erreichte in Europa eine große Ausdehnung; seine Ablagerungen finden sich als Griffelschiefer und Kieselschiefer im Frankenwald, ferner im Harz und in Böhmen, wo die silurischen Schichten bereits mehrere Tausend verschiedener Arten von Meerestieren geliefert haben. Im Ostseegebiet und in Schweden lagerten sich vorwiegend Kalke ab mit einer Fülle von Versteinerungen. Die Silurzeit ist die

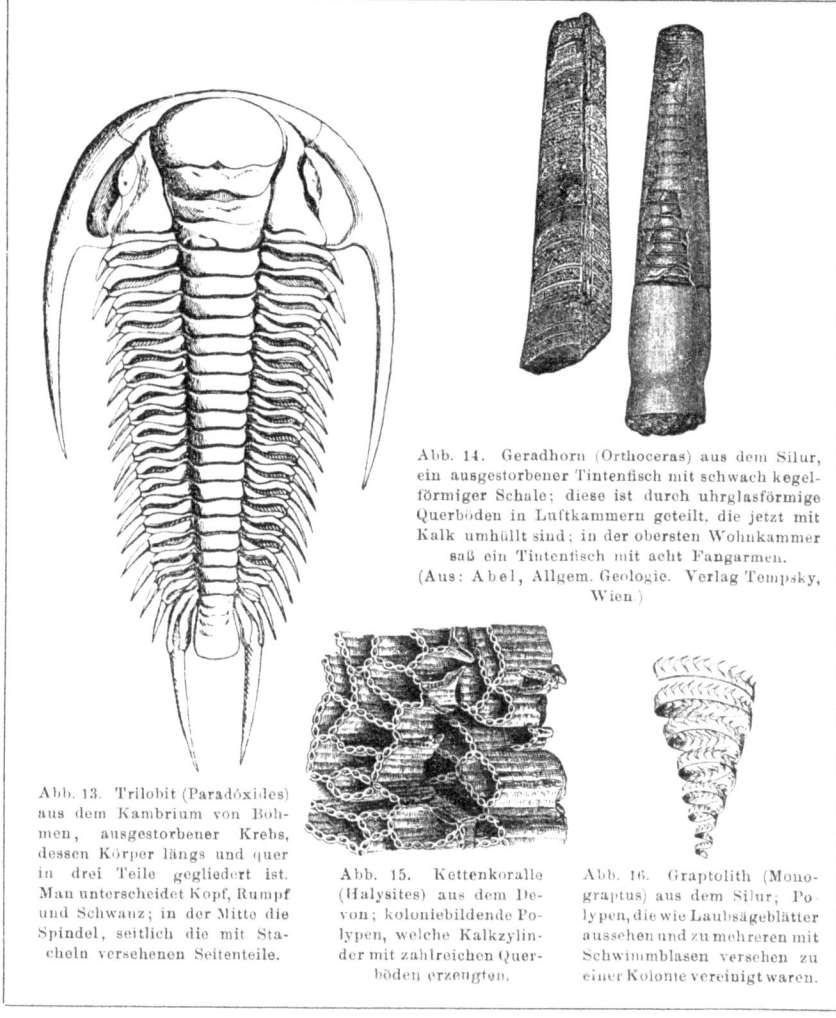

Abb. 14. Geradhorn (Orthoceras) aus dem Silur, ein ausgestorbener Tintenfisch mit schwach kegelförmiger Schale; diese ist durch uhrglasförmige Querböden in Luftkammern geteilt, die jetzt mit Kalk umhüllt sind; in der obersten Wohnkammer saß ein Tintenfisch mit acht Fangarmen. (Aus: Abel, Allgem. Geologie. Verlag Tempsky, Wien.)

Abb. 13. Trilobit (Paradoxides) aus dem Kambrium von Böhmen, ausgestorbener Krebs, dessen Körper längs und quer in drei Teile gegliedert ist. Man unterscheidet Kopf, Rumpf und Schwanz; in der Mitte die Spindel, seitlich die mit Stacheln versehenen Seitenteile.

Abb. 15. Kettenkoralle (Halysites) aus dem Devon; koloniebildende Polypen, welche Kalkzylinder mit zahlreichen Querböden erzeugten.

Abb. 16. Graptolith (Monograptus) aus dem Silur; Polypen, die wie Laubsägeblätter aussehen und zu mehreren mit Schwimmblasen versehen zu einer Kolonie vereinigt waren.

Blütezeit der Trilobiten, Brachiopoden und Nautiliden (Orthoceras und Verwandte), den Vorfahren der heutigen Tintenfische. Ihre gekammerten Gehäuse waren ursprünglich gerade gestreckt (Orthoceras Abb. 14), bei anderen schwach gebogen (Cyrtoceras) und später spiralig aufgerollt (Lituites). Dazu gesellen sich noch zahlreiche Arten von Foraminiferen, Schwämmen, riffbildenden Korallen (Halysites Abb. 15), Graptolithen (Abb. 16), Stachelhäuter, Schnecken und Muscheln, ferner über 1 m lange Riesenkrebse und im Obersilur von Schottland die ersten Fische (Thelodus Abb. 17) als älteste bisher bekannte Wirbeltiere.

c) **Devon.** Das klassische Gebiet des Devons ist das rheinische Schiefergebirge, das großenteils aus devonischen Schichten aufgebaut ist.

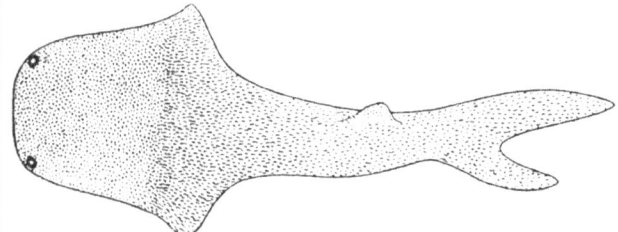

Abb. 17. Thelodus, einer der ältesten bekannten Fische aus dem Obersilur, der einen abgeflachten, nur mit einer Rückenflosse und ungleicher Schwanzflosse versehenen Körper hatte und wie die Rochen am Grunde des Meeres lebte.

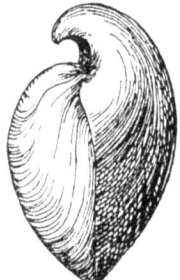

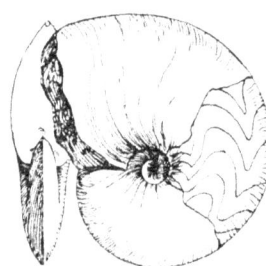

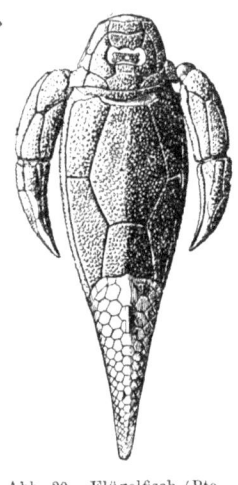

Abb. 18. Greifschnabel (Stringocéphalus Burtini), ein Armfüßler oder Brachiopode aus dem Devon, mit schnabelartig vorspringender großer und einer kleinen Schale.

Abb. 19. Goniatit, ein Tintenfisch und Vorläufer der Ammonshörner, mit spiralig aufgerollter, gekammerter Schale (vgl. Orthoceras) und hin und her gebogenen Kammerscheidewänden.

Abb. 20. Flügelfisch (Pterichthys), ein Panzerfisch aus dem Devon, mit großen Panzerplatten und zwei großen Anhängseln, die entweder als Ruderflossen oder als Fangarme gedeutet werden.

Im Unterdevon treten dort mächtige Sandsteinablagerungen und dunkle Schiefer auf: Taunusquarzit, Hunsrückschiefer und Coblenzschichten (Spiriferensandstein, nach der häufigen Brachiopodengattung Spirifer). Dem Mitteldevon gehören die Wissenbacher Schiefer an und an der Lahn und in der Eifel Korallenkalke, dem Oberdevon neben Schiefer auch sog. Knotenkalke (Kramenzelkalke). Von zahlreichen vulkanischen Ausbrüchen im Mittel- und Oberdevon zeugen die den Meeresschichten eingeschalteten Diabase oder Grünsteine. Im Oberharz ist das Devon wie am Rhein entwickelt; im Unterharz besteht es vorwiegend aus Schiefern und nähert sich mehr der böhmischen Ausbildung. Bei Rübeland treten mächtige Korallenkalke auf, die mittel- und oberdevonischen Alters sind und die bekannten Tropfsteinhöhlen bergen. Aus Devonschichten bestehen ferner große Teile des Frankenwaldes; das berühmte Profil des Bohlen bei Saalfeld zeigt die großartige Faltung des Oberdevons (Abb. 5). In der devonischen Tierwelt treten die Trilobiten allmählich zurück; häufig sind neben Einzelkorallen als Riffbildner stockbildende Korallen (Abb. 15), ferner Brachiopoden (Abb. 18), Muscheln, Schnecken und Goniatiten (Abb. 19).

Eine festländische Bildung des Devons ist die Fazies des Old Red Sandstone in Nordeuropa, in Schottland, Skandinavien, Nordrußland und Spitzbergen, wo ausgedehnte Gebiete von mächtigen, einförmigen roten Sandsteinen eingenommen werden, in welchen außer Landpflanzen wie Farnen und Nadelhölzern bis 1,5 m große Riesenkrebse, seltsame Panzerfische (Abb. 20) und die ältesten Lungenfische auftreten.

d) Karbon, Steinkohlenformation. Das unterkarbonische Meer überflutete noch den größten Teil Europas; es lagerte den Kohlenkalk ab, der in Rußland weit verbreitet ist, auch in England und am Niederrhein. Im Osten des rheinischen Schiefergebirges, im Harz und im Frankenwald wird der Kohlenkalk durch Schiefer und Grauwacken vertreten, die die Fazies des Kulm bilden. Das Karbonmeer war bevölkert von großen Foraminiferen, Seelilien, zahlreichen Brachiopoden (Spirifer, Productus), Korallen, Muscheln und Goniatiten.

Am Ende des Kulms fand in Mitteleuropa die Auffaltung eines großen Kettengebirges statt, des varistischen Gebirges, auch mitteldeutsche Alpen genannt. Dieses Alpengebirge umfaßte das ganze Gebiet zwischen dem französischen Zentralplateau und den Sudeten, zwischen den heutigen Alpen und dem Harz; es übertraf das heutige Alpengebirge bei weitem an Ausdehnung und stand ihm an Höhe sicherlich nicht nach. Während und nach der Faltung drang in die Faltenkerne glutflüssiges Magma empor und erstarrte als körniger Granit, Syenit oder Gabbro (Brocken, Fichtelgebirge, Erzgebirge, Lausitz, Riesengebirge). Im Oberkarbon entstanden am Rande der varistischen Alpen am Niederrhein, in Westfalen und in Oberschlesien an der Grenze zwischen Land und Meer, ferner in großen Niederungen im Innern des Gebirges im Saargebiet und bei Zwickau-Chemnitz aus ausgedehnten Waldmooren die Steinkohlenflöze. In den Mooren der oberen Steinkohlenzeit, daher auch produktives Karbon genannt, herrschte ein überaus üppiger Pflanzenwuchs. In jenen uralten Sumpfwäldern (Abb. 21) wuchsen zahlreiche Kletter- und Baumfarne, 30 bis 40 m hohe Schachtelhalmbäume oder Kalamiten, gabelförmig verzweigte Schuppenbäume oder Lepidodendren, Siegelbäume oder Sigillarien. Es ist die Blütezeit dieser als Pteridophyten bezeichneten blütenlosen Pflanzen. In den Sumpfwäldern flogen riesige Insekten umher, deren Flügel bis 70 cm Spannweite hatten; am Boden krochen kleine molchartige, z. T. bis krokodilgroße Amphibien, die die ersten Landwirbeltiere waren; es sind die Stegozephalen, die Ahnen der Amphibien und Reptilien.

In das Oberkarbon fällt ferner auch die Zerstörung und Abtragung der mitteldeutschen Alpen; an ihrem Rande lagerten die Flüsse ungeheure Massen von Schlamm, Sand und Geschieben ab, die mehrere 1000 m mächtig sind; auch im Innern des Gebirges trugen Wildbäche in abflußlosen Becken riesige Sand- und Geröllschichten zusammen, die in einer Dicke von mehr als 1000 m als rote Sandsteine und Konglomerate das

Abb. 21. Eine Landschaft der Steinkohlenzeit, wie sie sich am Fuße der mittelkarbonischen Hochgebirge Europas in der Zeit des stärksten Pflanzenwachstums entwickelt haben mag. Die gerundete Form der Berge und der Schuttkegel in der Mitte verdeutlichen die rasche Zerstörung der Gebirge durch Verwitterung und Wildbäche. Die unten gablig verzweigten Wurzeln (1, Stigmaria) der Siegelbäume (2, Sigillaria) und Schuppenbäume (3, Lepidodendron) erinnern an die wurmähnlich gestalteten Mangrovewurzeln der tropischen Küstensumpfwälder. Der Schuppenbaum (3) rechts ist mit Fruchtzapfen dargestellt. Die ebenfalls ausgestorbenen Kordaiten (4) sind mit den Nadelhölzern und Zykadeen verwandt und erreichen erst in der Permzeit den Höhepunkt ihrer Entwicklung. Die mit den lebenden Schachtelhalmen verwandten Kalamiten (5) und Baumfarne (6) bildeten in der Steinkohlenzeit mehr das Unterholz. Der Farn (7) links ist ein Kletterfarn. Die sternförmigen Gewächse auf der Oberfläche des Wassers werden als Annularia (8) und Sphenophyllum (9) oder Keilblatt bezeichnet. (Aus: „Frech, Allgem. Geologie, V." ANu.G, Teubner)

Kyffhäusergebirge und die Höhen des Saaletales unterhalb von Wettin aufbauen; in ihnen finden sich zahlreiche verkieselte oft mehr als 1 m starke Baumstämme von Nadelhölzern. Am Ende der Steinkohlenzeit waren große Teile der mitteldeutschen Alpen zerstört und die Ketten fast bis auf ihre Wurzeln abgetragen.

e) Perm. Auf die Hochseeablagerungen des Oberkarbons folgen in Rußland, Spitzbergen, Armenien und Indien ohne scharfe Grenze die Ablagerungen des permischen Weltmeeres; sie enthalten, wie z. B. der indische Produktuskalk, eine reiche Fauna von Brachiopoden, Muscheln und Schnecken, ferner die ältesten echten Ammoniten, die sich hier aus den Goniatiten entwickelt haben. Als Anzeichen einer **permokarbonischen**

Eiszeit finden sich in Indien und Südafrika Konglomerate mit gekritzten Geschieben, deren Unterlage mit Gletscherschliffen bedeckt ist.

In Deutschland setzt sich zunächst im unteren Perm die Abtragung der mitteldeutschen Alpen fort; der meist lebhaft rot gefärbte Verwitterungsschutt gelangt in den Niederungen als Rotliegendes zur Ablagerung. Mit roten Sandsteinen und Konglomeraten wechseln dunkle Schiefertone, denen stellenweise dünne, den Abbau selten lohnende Kohlenflözchen eingeschaltet sind. Zu verschiedenen Zeiten wurde der Absatz dieser Sedimente durch heftige vulkanische Ausbrüche von Porphyren, Porphyriten und Melaphyren unterbrochen, z. B. im Südharz bei Ilfeld, im Thüringer Wald, bei Halle a. S. und Bozen. Die Pflanzenwelt ist nur ein schwaches Abbild der karbonischen; neben Farnen und Schachtelhalmen erscheinen als neue Formen Zykadeen und araukarienähnliche Nadelhölzer. In Seen lebten schmelzschuppige Fische (Ganoiden) und in den Waldsümpfen Stegozephalen; zum ersten Male treten nun auch Reptilien auf.

Infolge einer Senkung Mitteleuropas brach das permische Weltmeer von Rußland her in Deutschland ein, so daß über

Abb. 22. Schmelzschupper (Palaeoniscus) aus dem Kupferschiefer von Mansfeld, ein heringsgroßer Fisch mit rhombisch geformten Schmelzschuppen und zweigabeliger Schwanzflosse. (Aus: „Handwörterbuch der Naturwissenschaften: Meinecke, Perm." Verlag G. Fischer, Jena.)

den festländischen Bildungen des Rotliegenden mit scharfer Grenze die grauen Kalkabsätze des Zechsteinmeeres folgen. Sie beginnen mit einem Brandungskonglomerat und dem an Fischen (Abb. 22) reichen Kupferschiefer, der wegen seines Gehalts an Kupfer- (bis zu 3%) und Silbererzen im Mansfeldischen seit mehr als 700 Jahren Gegenstand eines noch heute lohnenden Bergbaus ist. Von hier stammt der Name Zechstein, d. i. zäher Stein. Die geschichteten Absätze des Zechsteinmeeres sind der Zechsteinkalk; die Küsten säumten ungeschichtete Bryozoenriffe (Ostthüringen und Südharz), die von Bryozoen erbaut wurden und stellenweise eine reiche Fauna von Brachiopoden und Muscheln enthalten. Ein Leitfossil des unteren Zechsteins ist Productus horridus (Abb. 23). Das deutsch-englische Zechsteinmeer wurde bald wieder vom russischen Weltmeer getrennt und dampfte unter einem heißen trockenen Klima ein. Es entstanden aus seinem Salzgehalt mächtige Lager von Anhydrit, Steinsalz und Kalisalzen, die durch fast ganz Mittel- und Norddeutschland verbreitet sind und einen wertvollen Schatz des Bodens unseres Vaterlandes bilden (vgl. S. 14).

6. Mittelalter oder mesozoisches Zeitalter. a) Trias. Der Name Trias bezieht sich auf die Unterscheidung dreier scharf von einander ge-

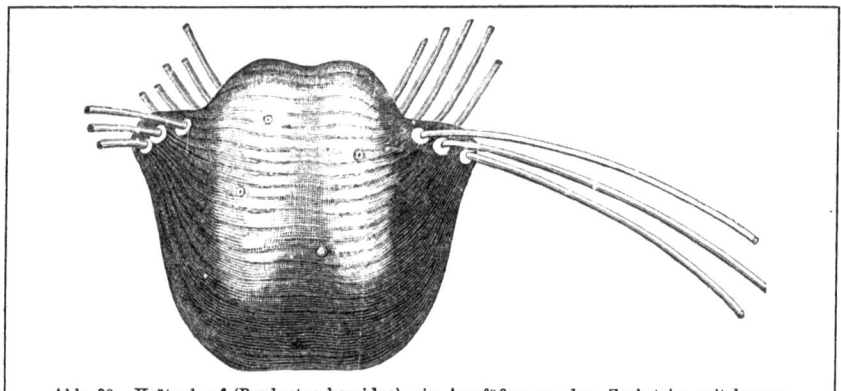

Abb. 23. Krötenkopf (Productus horridus), ein Armfüßer aus dem Zechstein, mit langen Röhrenstacheln an der stark gewölbten großen Schale. (Aus: „Handwörterbuch der Naturwissenschaften: Meinecke, Perm." Verlag G. Fischer, Jena.)

schiedener Abteilungen dieser Formation in Deutschland: **Buntsandstein, Muschelkalk** und **Keuper**. Auf die roten, die Salzlager des oberen Zechsteines bedeckenden Tone folgen lückenlos bis 600 m mächtige rote Sandsteine, denen am Harzrande außer Tonschichten zahlreiche Rogensteinkalkbänke eingelagert sind. Die Sandsteine entstammen großenteils den im Süden gelegenen letzten Resten der mitteldeutschen Alpen und wurden durch Flüsse, die unter dem Einfluß eines Trockenklimas versiegten, abgelagert, während die Ton- und Rogensteinbänke in flachen Binnenseen entstanden. Die grauen, kalkigen, stellenweise an Muscheln oder Brachiopoden reichen Bänke des **Muschelkalks** sind die Absätze eines flachen Binnenmeeres, das von Südosten her Deutschland vorübergehend überflutete, aber zweimal, z. B. gleich nach dem ersten Einbruch, eindampfte, so daß es zur Ausscheidung von Gips und Steinsalz kam. Salzlager des mittleren Muschelkalks werden z. B. bei

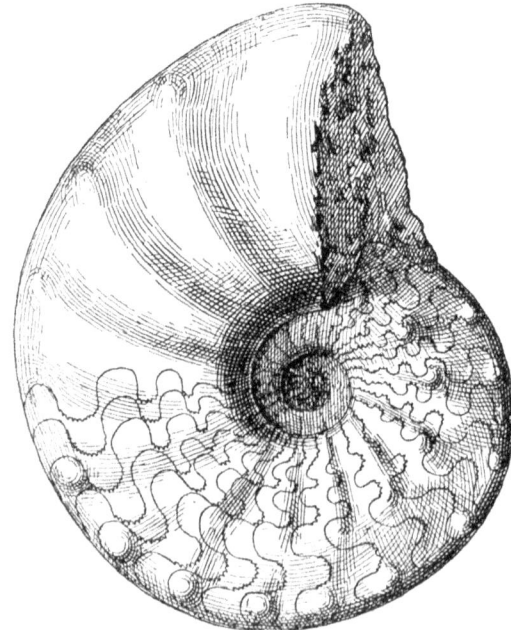

Abb. 24. Knotiges Ammonshorn (Ceratites nodosus), aus dem oberen Muschelkalk, mit spiralig aufgerollter, gekammerter Schale und den als Zickzacklinie erscheinenden Anwachsstellen der Kammerscheidewände.

Erfurt, Arnstadt, in Schwaben (Friedrichshall) und in der Schweiz abgebaut. Wichtige Versteinerungen des oberen Muschelkalks sind die Trochiten, im Volksmunde Wichtelpfennige genannt, das sind die Stielglieder einer Seelilie (Encrinus liliiformis) und das knotige Ammonshorn (Abb. 24), beide lassen wieder eine freiere Verbindung mit dem offenen Triasmeer erkennen. Die bunten, roten und grünen Tone und Mergel des Keupers mit zahlreichen Gips- und Sandsteineinlagerungen, die besonders in Franken und Schwaben weit verbreitet sind, sind die Absätze von häufig eindampfenden Binnenseen und Flüssen. Außer zahlreichen Resten von Landpflanzen, Nadelhölzern, Palmfarnen und Farnen, die sogar dünne Kohlenflözchen (Lettenkohle) bildeten, enthalten die Keuperschichten außer anderen Fischen Reste der seltsamen Lungenfische, die beim Austrocknen ihrer Wohngewässer mit Hilfe ihrer lungenartigen Schwimmblase atmen und so die Trockenzeiten überstehen können. In die Trias fällt weiter das Aufblühen der Saurier und das Auftreten der ältesten Säugetiere.

Das Weltmeer der Triaszeit hat im Gebiet der heutigen Ostalpen, auf der Balkanhalbinsel, in Kleinasien, im Himalaja und in Ostsibirien seine oft versteinerungsreichen Absätze hinterlassen: alpine Trias. In Nord- und Südtirol bauten Riffkorallen und Kalkalgen mächtige aus Kalkstein und Dolomit bestehende Riffe auf, die oft über 1000 m emporwuchsen. Während Hauptdolomit und Schlerndolomit ungeschichtet sind, ist der jüngere Dachsteinkalk wohlgeschichtet. Im Salzkammergut enthält u. a. der Hallstätter Kalk eine Fülle von Muscheln und Ammoniten, welche mit dem alpinen Triasmeer in Europa einwanderten.

b) Jura. Mit der Jurazeit beginnt eine großartige Überflutung Europas durch das diesmal von Südwesten kommende Weltmeer, welches in der oberen Jurazeit seine größte Ausdehnung erreichte. In Deutschland werden nach der vorherrschenden Gesteinsfarbe drei Stufen unterschieden; der schwarze Jura oder Lias besteht aus meist dunklen Tonen und Kalken, der braune Jura oder Dogger aus meist gelbbraunen Sandsteinen, Kalksteinen, Tonen und Mergeln, während im weißen Jura oder Malm weiße Kalksteine vorherrschen (schwäbische Alb). Der schwarze und braune Jura bilden die Vorberge, der weiße Jura den Steilabfall und die Hochfläche des Juragebirges, das sich als Tafeljura vom Main bis zum Rheinfall und als Faltenjura bis zur Rhone erstreckt. Im weißen Jura sind Korallenriffe und ungeschichtete Schwammkalke häufiger; in Lagunen der Riffe schlug sich feinster Kalkschlamm nieder und bildete bei Solnhofen dichte plattige Kalke, die als lithographischer Schiefer sehr gesucht sind und zahlreiche z. T. seltene Versteinerungen bergen. Darunter ist auch der berühmte Urvogel (Abb. 25), der noch Reptilienmerkmale aufweist, die für die Abstammung der Vögel von den Reptilien sprechen. Das Jurameer war von einer reichen Tierwelt bevölkert, von einer Fülle von Muscheln und Schnecken, von Korallen und Schwämmen, von Seeigeln und Seelilien. Die Jurazeit war die Blüte-

Abb 25 Urvogel (Archaeopteryx lithographica) aus dem oberen Jura von Solnhofen mit bezahnten Kiefern und Eidechsenschwanz.

Abb. 26. Donnerkeil oder Belemnit aus dem Jura; in dem fingerförmigen,
unten zugespitzten Kalkgebilde befand sich oben ein gekammerter Kegel; alle
diese Hartteile wurden von dem Körper eines Tintenfisches eingeschlossen.

Abb. 27. Fischsaurier (Ichthyosaurus communis) aus dem unteren Jura von Schwaben.

Abb. 28. Triceratops, ein gehörnter und mit einem knöchernen Nackenschild bewehrter pflanzenfressender Dinosaurier von 7 m Länge aus der oberen Kreide von Nordamerika. (Aus: „Kraepelin, Leitfaden der Zoologie, I." Teubner.)

zeit der Ammoniten und Belemniten oder Donnerkeile (Abb. 26); jetzt treten die ersten Knochenfische auf; aber am zahlreichsten waren die Reptilien, die Beherrscher des Jurameeres, die auch das Land und die Luft eroberten. Delphinartig waren unter den Meeressauriern die bis 12 m langen Fischsaurier oder Ichthyosaurier (Abb. 27); Landbewohner waren die im oberen Jura von Nordamerika zahlreichen Schreckensaurier oder Dinosaurier, von denen Diplodocus mit 30 bis 40 m Länge das größte aller Landtiere war. Flugsaurier wie Pterodactylus oder Rhamphorhynchus durchsegelten die Luft mit Hilfe ihrer Flughäute. In der Pflanzenwelt herrschten Nadelhölzer, Zykadeen und Gingkobäume vor.

Am Ende der Jurazeit fanden in Deutschland vielfach Gebirgsbewegungen statt, denen eine Reihe von Mittelgebirgen wie Harz, Thüringer Wald, Erzgebirge und rheinisches Schiefergebirge ihre erste Entstehung verdanken.

c) Kreide. Die Kreideformation hat ihren Namen von der weißen Schreibkreide erhalten, die die malerischen Steilküsten der Insel Rügen und die Küsten Englands und Frankreichs zu beiden Seiten des Kanals bildet. Die aus der oberen Kreidezeit stammende Schreibkreide bildet aber nur einen kleinen Teil der Ablagerungen dieser Formation. Viel verbreiteter sind Tone, Mergel und Sandsteine, die meist als Quadersandsteine bezeichnet werden, z. B. bei Halberstadt und im Elbsandsteingebirge In der Tierwelt zeigt sich ein langsamer Rückgang der

Abb. 29. Flugzahn (Pteranodon ingens), ein Flugsaurier mit 6,80 m Flügelspannweite, aus der oberen Kreide von Kansas. (Aus: „Abel, Allgem. Geologie." Verlag Tempsky, Wien.)

Ammoniten und Belemniten, die am Ende der Kreidezeit aussterben; vorher entwickeln die Ammoniten noch zahlreiche Riesen- und als „Nebenformen" bezeichnete Zerrformen, vielleicht deshalb, weil ihre Lebenskraft erschöpft war. Einen großen Formenreichtum zeigen die Seeigel, ferner die Muscheln und Schnecken, deren Geschlechter die Annäherung an die Jetztzeit immer deutlicher erkennen lassen. Unter den Wirbeltieren überwiegen jetzt die Knochenfische über die Schmelzschupper. Die Reptilien beherrschen noch immer Land, Meer und Luft, wenn auch ihre Blütezeit allmählich mit dem Aufkommen der Säugetiere zu Ende geht. Wichtige Geschlechter der Dinosaurier sind Iguanodon und Triceratops (Abb. 28), unter den Meeressauriern erreicht Pliosaurus noch 10 m Länge. Während der oberen Kreide lebte in Kansas ein riesiger Flugsaurier, Pteranodon (Abb. 29), dessen Flügel eine Spannweite von 6,80 m besaßen. Unter den Pflanzen ist das Auftreten der ersten Angiospermen (Credneria Abb. 30) hervorzuheben.

Abb. 30. Ahornähnliches Laubbaumblatt (Credneria) aus der oberen Kreide des Elbsandsteingebirges.

Die Kreidezeit war eine

Zeit lebhafter Gebirgsbildung in Deutschland. Mehrfach tauschten Meer und Land ihren Platz, und eine große Meerestransgression setzte mit dem Beginn der oberen Kreide ein. Die am Ende der Jurazeit entstandenen Mittelgebirge wurden während der Kreidezeit stark abgetragen und gegen Ende der Kreidezeit wiederholt emporgehoben.

7. Neuzeit oder känozoisches Zeitalter. a) Tertiär. Das Tertiär bildet durch die allmähliche Herausgestaltung der heutigen Verteilung von Land und Meer und durch die Entwicklung der Tier- und Pflanzenwelt den Übergang zur jetzigen Zeit. Zu Beginn der Tertiärzeit waren große Teile Norddeutschlands noch mit Meer bedeckt; die bestehenden Mittelgebirge wurden stark abgetragen; in weiten sumpfigen Küstenniederungen entstanden aus üppigen subtropischen Sumpfwäldern mächtige Braunkohlenlager (stellenweise bis über 100 m). Man unterscheidet eine ältere obereozäne (oder unteroligozäne) Braunkohle von Halle, Weißenfels, Aschersleben und eine jüngere miozäne Braunkohle am Niederrhein, bei Bitterfeld, in der Lausitz, bei Frankfurt a. O. Die Pflanzenwelt war zuerst eine tropische, später eine subtropische mit Palmen, Lorbeer, Feigen, Myrten, Sumpfzypressen u. a. Mit dem Tertiär begann die Blütezeit der Angiospermen. Während im Miozän in Deutschland vielfach größere Vulkanausbrüche stattfanden und die Basalt- und Phonolithberge der Rhön, des Vogelsberges, der Lausitz, der Eifel, des Siebengebirges und des Hegau entstehen ließen, gab es keine Bodenbewegungen größeren Ausmaßes, abgesehen vom Einbruch der oberrheinischen Tiefebene, der hessischen Senke, der niederrheinischen Bucht und des Egertalgrabenbruches. Infolge einer allgemeinen Hebung Mittel- und Norddeutschlands seit dem Pliozän begann die allmähliche Ausgestaltung der heutigen Flußtäler und der Oberflächenformen der Bergländer.

In der Tertiärzeit fanden außerhalb Deutschlands an vielen Stellen gewaltige Bodenbewegungen statt; in Südeuropa, Asien und Amerika wurden die mächtigen Kettengebirge aufgefaltet, die die Erde als zusammenhängender Gürtel oft in girlandenförmigen Bogen von der Straße von Gibraltar an bis zum Kap Horn überziehen: Atlas, Sierra Nevada, Pyrenäen, Apennin, Alpen, Karpathen, Kaukasus, Himalaja, Felsengebirge, Anden (vgl. S. 17). Zwischen den Faltengebirgen brachen allenthalben mehr oder weniger rundliche Schollen in die Tiefe und wurden vom Meere überflutet; so entstand der Gürtel der Mittelmeere. Diese Gebirgsstörungen waren begleitet von massenhaften Vulkanausbrüchen, welche durch die Zertrümmerung der Erdkruste begünstigt wurden (vgl. S. 19).

In den Sedimenten des Alttertiärs treten große Foraminiferen, die Nummuliten oder Münzensteine oft gesteinsbildend auf. Sehr häufig sind die Reste von Seeigeln, Muscheln und Schnecken, ferner die Zähne und Wirbel riesiger Haifische. Die Tiere des Festlandes wurden von nun an beherrscht von der aufblühenden Welt der Säugetiere; zahlreich vertreten waren damals Huftiere, z. T. mit den Merkmalen von Wiederkäuern,

Schweinen und Dickhäutern, ferner Nagetiere, Beuteltiere und Raubtiere. Im jüngeren Tertiär entwickelten sich außer Dickhäutern namentlich die Pferde (Abb. 31), auch traten echte Affen und darunter die ersten Menschenaffen auf. Bereits im Pliozän oder vorher muß die Entwicklung des Menschen stattgefunden haben.

b) Quartär. Der letzte größere Abschnitt der Erdgeschichte, dessen zeitliche Dauer im Vergleich zur Länge der übrigen Formationen nur sehr kurz zu bemessen ist, wird in das Diluvium und das Alluvium, d. h. die geologische Gegenwart gegliedert.

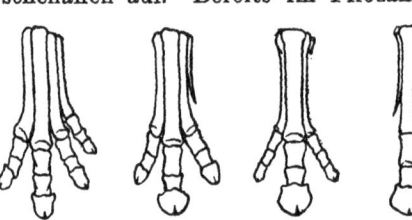

Abb. 31. Die Stammreihe der Pferde aus dem Tertiär von Nordamerika, Vorderfüße: 1. Orohippus (Eozän), 2. Mesohippus (Oligozän), 3. Miohippus (Miozän), 4. Pliohippus (Pliozän), 5. Pferd (Jetztzeit). Infolge Nichtgebrauchs verkümmern die 1., 2., 4. und 5. Zehe, während die Mittelzehe allein kräftig entwickelt übrig bleibt.

Das wichtigste Ereignis des Diluviums war die Eiszeit, die in einer mehrmaligen Vereisung Nordeuropas, der Alpen und Nordamerikas bestand. War schon im Tertiär eine Klimaänderung durch allmähliche Abnahme der Wärme eingetreten, so fand im Diluvium eine weitere Verschlechterung des Klimas statt, so daß schließlich die genannten Gebiete unter ungeheuren Eisdecken begraben wurden und alles Leben aus den vereisten Ländern verschwand. Beim Abschmelzen hinterließ das Inlandeis in Norddeutschland ausgedehnte Schuttablagerungen, seine Grundmoränen als Geschiebelehm, seine Endmoränen bildeten die norddeutschen Höhenrücken, wie den baltischen, Lüneburger Heide, Fläming usf. Die Schmelzwasser furchten die breiten flachen Urstromtäler aus, denen die heutigen Flüsse stellenweise noch folgen. In den Zwischeneiszeiten und nach der Eiszeit wurde während eines Steppenklimas durch den Wind der einen fruchtbaren Ackerboden ergebende Löß abgelagert.

Im Alluvium entstanden die heutigen Flußtäler und in ihnen durch Ablagerung von Schottern die heutigen Talböden. In vielen der von der Eiszeit hinterlassenen Seen bildeten sich durch Verlandung Torfmoore und an den Küsten der Nord- und Ostsee zahlreiche Küstendünen. Bis in die Gegenwart dauern ferner die Ausbrüche vieler Vulkane fort, die meistens schon seit der Tertiärzeit tätig sind.

Das verbreitetste Säugetier der Eiszeit war das Mammut (Abb. 32), das bis 4 m lange Stoßzähne hatte und zum Schutze gegen die Kälte ein langes dichtes rotbraunes Haarkleid besaß. Andere häufige Diluvialtiere waren Höhlenbär, wollhaariges Nashorn, Ur, Wildpferd, Ren, Riesenhirsch und Reh. Während der Eiszeit wurde Europa auch vom Menschen besiedelt, der allmählich lernte, den Feuerstein zu bearbeiten und aus ihm kunstvolle Waffen und Werkzeuge herzustellen. In das Diluvium fällt die ältere Steinzeit, in der die Steine nur zurecht geschlagen wurden. In der dem Alluvium angehörenden jüngeren Steinzeit dagegen wurden die Steine sorgfältig und kunstvoll geschliffen, Knochen bearbeitet, und die Menschen lernten, aus Lehm und Ton Gefäße zu formen und zu brennen. Auf die Steinzeit folgten die Bronze- und Eisenzeit, die aus dem Dunkel der Vorgeschichte allmählich hinüberleiten in das helle Licht der Geschichte und zur Gegenwart.

Abb. 32. Mammut aus der Eiszeit. (Aus: „Kraepelin, Leitfaden der Zoologie, I." Teubner.)

Erklärung der Fremdwörter.
Geologie.

Abrasion, *abrádo* (lat.) ich kratze ab.
Achat, *achátes* (gr.) Achat.
Albit, *albus* (lat.) weiß.
Alluvium, *alluvio* (lat.) Überschwemmung.
Ammonit, nach der Oase des Jupiter *Ammon*.
Amphibien, *amphí* (gr.) beide, *bíos* (gr.) Leben.
Andalusit, nach dem Vorkommen in *Andalusien*.
Andesit, ein nach den amerikanischen *Anden* benanntes Gestein.
Anhydrit, *ánhydros* (gr.) wasserfrei.
Anorthit, *anorthós* (gr.) nicht rechtwinklig.
Anthrazit, *ánthrax* (gr.) Kohle.
Apatit, *apatáo* (gr.) ich täusche.
Araukarien, nach dem in Chile lebenden Volksstamm der *Araukaner*.
archäisch, *archaíos* (gr.) uranfänglich.
Archaeopteryx, *archaíos* (gr.) uranfänglich; *ptéryx* (gr.) Flügel.
Artesisch, nach der Grafschaft *Artois*.
Augit, *augē̆* (gr.) Glanz.

Basalt, *basáltes* (lat.), angeblich verstümmelt aus *Basanites* nach dem Orte Basan in Syrien.
Belemniten, *bélemnon* (gr.) Geschoß.
Biotit, nach dem französischen Physiker *Biot*.
Bitumen, *bitúmen* (lat.) Erdpech.
Brachiopoden, *brachíon* (gr.) Arm, *pūs* Gen. *podós* (gr.) Fuß.
Brekzie, *breccia* (ital.) Bruch.
Bronzit, nach der Bronzefarbe.
Bryozoen, *brýon* (gr.) Moos, *zō̆on* (gr.) Tier.

Carnallit, nach dem Berghauptmann *von Carnall*.
Credneria, nach dem Geologen *Credner*.
Cyrtoceras, *kyrtós* (gr.) krumm, *kéras* (gr.) Horn.

Delta, nach dem griechischen Buchstaben *Δ* (*délta*).
Devon, nach der englischen Grafschaft *Devonshire*.

Diabas, *diábasis* (gr.) Übergang.
Diallag, *diallagē̄* (gr.), Verschiedenheit wegen der ungleichen Spaltbarkeit in den Hauptrichtungen.
Diluvium, *diluvium* (lat.) Überschwemmung, Sintflut.
Dinosaurier, *deinós* (gr.) gewaltig, furchtbar, *saura* (gr.) Eidechse.
Diorit, *diorízein* (gr.) unterscheiden.
Diplódocus, *diplus* (gr.) doppelt, *dokós* (gr.) Balken, Decke.
diskordant, *discors* (lat.) uneinig.
Dogger, nach einer englischen Lokalbezeichnung *Dogger*.
Dolomit, nach dem französischen Naturforscher *Dolomieu*.
Dynamische Geologie, *dýnamis* (gr.) Kraft.
Dynamometamorphose, *dýnamis* (gr.) Kraft, Gewalt, *metamórphōsis* (gr.) Umwandlung.

Encrinus, *krínon* (gr.) Lilie.
Eozän, *eōs* (gr.) Morgenröte, *kainós* (gr.) neu.
Epizentrum, *epi* (gr.) auf, über, *centrum* (lat.) Mittelpunkt.
erratisch, *errare* (lat.) umherirren.
Eruption, Eruptivgestein, *eruptio* (lat.) Ausbruch.
Explosionskrater, *explosio* (lat.) Auspochen. *kratḗr* (gr.) Mischgefäß.

Fazies, *facies* (lat.) Antlitz, Gesicht.
Foraminiferen, *forámen* (lat.) Loch, *fero* (lat.) ich trage.
Formation, *formatio* (lat.) Bildung.
Fossilien, *fossilis* (neulat.) ausgegraben.
Fumarolen, *fuma* (ital.) Rauch.

Gabbro, oberitalienische Lokalbezeichnung.
Ganoiden, *gános* (gr.) Glanz.
Geologie, *gē̄* (gr.) Erde, *lógos* (gr.) Lehre.
geothermische Tiefenstufe, *gē̄* (gr.) Erde, *thérmē* (gr.) Wärme.
Geysir, *Geysir* (isländisch) Sprudel.
Gingko, japanischer Name des *Gingko*baumes.

Gletscher, *glacies* (lat.) Eis.
Globigerinen, *globus* (lat.) Kugel.
Goniatit, *gonía* (gr.) Winkel.
Granat, *granum* (lat.) Korn.
Granit, *granum* (lat.) Korn.
Graphit, *grápho* (gr.) ich schreibe.
Graptolithen, *grápho* (gr.) ich schreibe; *líthos* (gr.) Stein.

Halysites, *hálysis* (gr.) Kette.
hexagonal, *hexágonos* (gr.) sechswinklig.
Humus, *humus* (lat.) Erdboden.
hydrothermal, *hýdōr* (gr.) Wasser, *thérmē* (gr.) Wärme.
Hypersthen, *hypér* (gr.) über, *sthénos* (gr.) Kraft.

Ichthyosaurier, *ichtýs* (gr.) Fisch, *saura* (gr.) Eidechse.
Iguanodon, *Iguano* spanischer Name, *odūs* (gr.) Zahn.
Imprägnation, *impraegnare* (lat.) durchtränken.
Insolation, *insolare* (lat.) der Sonne aussetzen.
interglazial, *inter* (lat.) zwischen, *glacies* (lat.) Eis.
Isohypsen, *ísos* (gr.) gleich, *hýpsos* (gr.) Höhe.

Jura, nach dem *Juragebirge*.

Kalamiten, *calamus* (lat.) Rohr.
Kambrium, nach dem keltischen Namen *Cambria* für Wales.
känozoisch *kainós* (gr.) neu, *zōon* (gr.) Tier.
Kaolin, *Kaolin* (chines.) Porzellanerde.
Karbon, *carbo* (lat.) Kohle.
Keuper, Lokalbezeichnung aus Franken.
Kieserit, nach dem Naturforscher *D. G. Kieser*.
Kliff, niederdeutsch, Klippe, engl. *cliff*.
Konglomerat, *conglomerāre* (lat.) zusammenhäufen.
Konifere, *conus* (lat.) Zapfen, *fero* (lat.) ich trage.
konkordant, *concordāre* (lat.) übereinstimmen.
Kontaktmetamorphose, *contáctus* (lat.) Berührung, *metamórphōsis* (gr.) Umwandlung.
kontinental, *continens* (lat.) zusammenhängend, das feste Land.
Kontraktionstheorie, *contractio* (lat.) Zusammenziehung, *theoría* (gr.) Betrachtung.
Korund, altindischer Name.
Kramenzel, angeblich westfälische Bezeichnung für Ameise.

Krater, *kratēr* (gr.) Mischgefäß.
Kulm, nach einer englischen Lokalbezeichnung *Culm*.

Lagune, *laguna* (ital.) Lagune.
Lakkolith, *lákkos* (gr.) Grube, *líthos* (gr.) Stein.
Lapilli, *lapillo* (ital.) Kristall, Kiesel.
Laterit, *later* (lat.) Ziegelstein.
Lepidodendron, *lepis* (gr.) Schuppe, *déndron* (gr.) Baum.
Leuzit, *leukós* (gr.) weiß.
Lias, nach einer englischen Lokalbezeichnung *Lias*.
Liparit, nach dem Vorkommen auf den *Liparischen* Inseln.
lithographischer Schiefer, *líthos* (gr.) Stein, *grapho* (gr.) ich schreibe.
Lithosphäre, *líthos* (gr.) Stein, *sphaíra* (gr.) Kugel.
Lituites, *lituus* (lat.) der oben gekrümmte Stab der Auguru.

Magma, *mágma* (gr.) Teig.
Malm, nach einer englischen Lokalbezeichnung *Malm*.
marin, *māre* (lat.) Meer.
Marmor, *mármaros* (gr.) Felsblock.
Melaphyr, *mélas* (gr.) schwarz, *phýrein* besprengen.
mesozoisch, *mésos* (gr.) mitten, *zōon* (gr.) Tier.
minerogen, *minerális* (lat.) zum Bergwerk gehörig, *gennáo* (gr.) ich erzeuge.
Miozän, *meion* (gr.) weniger, *kainós* (gr.) neu.
Mofette (ital.) böses Wetter.
monoklin, *mónos* (gr.) einzig, *klíno* (gr.) ich neige mich.
Moräne, *mor* (altnord.) feiner Staub.
Muskovit, *Moscovia*, Moskau.

Nautilus, Nautilide, *nuus* (gr.) Schiff.
Nephelin, *nephélē* (gr.) Wolke.
Nummulit, *nummus* (lat.) Münze, *líthos* (gr.) Stein.

Old Red Sandstone, (engl.) alter roter Sandstein.
Oligozän, *olígos* (gr.) wenig, *kainós* (gr.) neu.
Olivin, nach seiner olivengrünen Farbe.
Oolith, *ōón* (gr.) Ei, *líthos* (gr.) Stein.
Opal, *ŏpállios* (gr.) Name eines Edelsteins.
organogen, *órganon* (gr.) Werkzeug, *gennáo* (gr.) ich erzeuge.
Orthoceras, *orthós* (gr.) gerade, *kéras* (gr.) Horn.
Orthoklas, *orthós* (gr.) gerade, *kláo* (gr.) ich spalte.

Orthophyr, *orthós* (gr.) gerade, *phýrein* (gr.) besprengen.

Palaeoniscus, *palaiós* (gr.) alt, *óniskos* (gr.) eine Art Kabeljau.
Paläontologie *palaiós* (gr.) alt, *ónta* (gr.) die Lebewesen, *lógos* (gr.) Lehre.
paläozoisch, *palaiós* (gr.) alt, *zōon* (gr.) Tier.
Peneplain, *pene* (lat.) fast, *plain* (engl.) Ebene.
Peridotit, von *Peridót* (= Olivin) gr. von *peri-didōmi* ringsherum hergeben (wegen seiner Spaltbarkeit).
Perm, nach dem russischen Gouvernement *Perm*.
Petrographie, *pétros* (gr.) Fels, *gráphein* (gr.) schreiben.
Petroleum, *pétros* (gr.) Fels, *óleum* (lat.) Öl.
Phonolith, *phōnḗ* (gr.) Klang, *líthos* (gr.) Stein.
Phyllit, *phýllŏn* (gr.) Blatt.
Plagioklas, *plágios* (gr.) schief, *kláo* (gr.) ich spalte.
Pliosaurus, *pleíon* (gr.) mehr, *saura* (gr.) Eidechse.
Pliozän, *pleíon* (gr.) mehr, *kainós* (gr.) neu.
Pneumatolyse, pneumatolytisch *pneuma* (gr.) Dampf, *lýo* (gr.) ich löse.
Porphyr, porphyrisch, Porphyrit, *porphýreos* (gr.) purpurfarbig.
produktiv, *produco* (lat.) ich bringe hervor.
Productus, *productus* (lat.) verlängert, ausgestreckt.
Pteranodon, *pterón* (gr.) Flügel, *odūs* (gr.) Zahn.
Pterodactylus, *pterón* (gr.) Flügel, *dáctylos* (gr.) Finger.
Pteridophyten, *pterón* (gr.) Flügel, *phýton* (gr.) Pflanze.
Pyrosphäre, *pȳr* (gr.) Feuer, *sphaíra* (gr.) Kugel.

Quartär, *quartus* (lat.) der vierte.

Radiolarien, *radius* (lat.) Strahl.
regulär, *regularis* (neulat.) regelmäßig.
Reptilien, *repo* (lat.) ich krieche.
Rhamphorhynchus, *rhamphos* (gr.) krummer Schnabel, *rhýnchos* (gr.) Rüssel, Schnauze.
rhombisch, *rhómbos* (gr.) Raute.

Säkular, *saeculum* (lat.) Jahrhundert.
Saurier, *saura* (gr.) Eidechse.
Sediment, *sediméntum* (lat.) Absatz
Sigillarie, *sigíllum* (lat.) Siegel.
Silur, nach dem Volksstamm der *Silurer* in England.
Solfatare, nach der *Solfatára* (ital.) bei Neapel.
Spirifer, *spira* (lat.) Windung, *fero* (lat.) ich trage.
Stegozephalen, *stégos* (gr.) Dach, *képhalos* Kopf.
Stratovulkan, *strátum* (lat.) Schicht.
Swamp (engl.) Sumpf.
Syenit, nach *Syḗnē*, Assuan in Ägypten.
System, *systēma* (gr.) Zusammenstellung.

Tektonisch, Tektonik, *tektoniké* (gr.) Zimmermannskunst.
Terra rossa (ital.) Roterde.
Terrasse, *terrasse* (franz.) Erdstufe, Erdwall.
terrigén, *terra* (lat.) Erde, *gennáo* (gr.) ich erzeuge.
Tertiär, *tertius* (lat.) der dritte.
tetragonal, *tetrágonos* (gr.) vierwinklig.
Thelodus, *thēlḗ* (gr.) Warze, *odūs* (gr.) Zahn.
Therme, *thérmē* (gr.) Wärme.
Topas, nach einer Insel *Topazos* im Roten Meer.
Trachyt, *trachýs* (gr.) rauh.
Transgression, *transgréssio* (lat.) Übergang.
Trias, *triás* (gr.) Dreiheit.
Tricératops, *trí* (gr.) drei, *kéras* (gr.) Horn.
Trilobit, *tri* (gr.) drei, *lobós* (gr.) Lappen.
Trochiten, *trochós* (gr.) Spielreif.
Turmalin, *Turmali*, ceylonischer Name des Minerals.

Varistisch, nach dem in der Gegend von Hof i. B. wohnenden Volksstamm der *Varisten*.
Vulkan, vulkanisch, nach *Vulcánus* (lat.), dem Gott des Feuers.

Wollastonit, nach dem englischen Mineralogen *Wollaston*.

Zykadeen, *kýkas* bei Theophrast, Name einer Palme.

Register.

Ablagerungen 12
— der Flachsee 14
— — Flüsse 10. 13
— — Gletscher 11
— des Meeres 12. 13
— der Seen 13
— — Tiefsee 14
— des Windes 11. 12
Abrasion 12
Abraumsalze 14
Absonderungsformen 6
Abtragung 7
Achatmandel 5
Affen 38
Alb 33
Albit 4
Alluvium 22. 38
Altersbestimmung, geologische 24
Altertum der Erde 23. 26
Ammoniten 23. 33. 35. 36
—, Nebenformen 35
Amphibien 23. 29
Andalusit 5
Andesit 6
Angiospermen 36. 37
Anhydrit 14. 15. 31
Anorthit 4
Anthrazit 15
Apatit 4
archäisch 23. 26
Archaeopteryx 22. 34
artesische Brunnen 8
Asche, vulkanische 20
Asphalt 15
Aufschluß 6
Augit 4. 6
auskeilende Schicht 15

Bänderung des Gletschereises 10
Basalt 6. 37
Belemniten 35. 36
Bergschlipf 9
Bergsturz 8
Beuteltiere 38
Bimsstein 5

Biotit 4
Bitumen 15
Bogendüne 12
Bomben 20
Brachiopoden 13. 23. 26. 27. 28. 29. 30. 31. 32
Brauneisen 15
Braunerde 7
Braunkohle 13. 15. 22. 37
Brekzie 15
Bronzezeit 39
Bryozoenriffe 23. 31
Buntsandstein 22. 32

Carnallit 15
Ceratites 32
Coblenzschichten 23. 28
Credneria 36
Cyrtoceras 27

Dachsteinkalk 33
Decke 5. 20
Delta 10
Devon 23. 27
Diabas 6. 28
Dickhäuter 37
Diluvium 11. 22. 38
Dinosaurier 35. 36
Diorit 6
Diplodocus 35
diskordant 16
Dogger 22. 33
Dolomit 14. 15
Donnerkeil 35
Dreikanter 12
Düne 11
dynamische Geologie 3
Dynamometamorphose 19

Einfallen 16. 24
Einsprenglinge 5
Eisenerz 4
Eisenkies 15
Eisenzeit 39
Eiszeit 11
—, diluviale 11. 22. 38
—, kambrische 23. 26
—, permokarbonische 22.31

Encrinus 33
Endmoräne 11
Eozän 22. 37
Erdbeben 17
Erdfall 8
Erdgeschichte 3. 24
—, Einteilung 25
Erdöl 15
Erdrinde, Bewegungen 12. 16
—, Faltung 18
—, Zusammensetzung 3
Ergußgesteine 5
Erosion 9
Erstarrungskruste der Erde 25
Eruption 19. 20. 28. 31
Eruptivgesteine 4. 5. 6. 20. 25
—, Einteilung 6
—, Entstehung 5. 20
Erzgänge 4. 18
Explosionskrater 19

Faltengebirge 29. 37
Faltenjura 33
Faltung 18
Farne 23. 29. 31. 33
Fastebene 9
Faulschlamm 13. 15
Fazies 25
Feigen 37
Feldspat 4. 19
Feldspatbasalt 6
Feuerstein 38
Findling 11
Firn 10
Fische 23. 29. 31. 36
Fjord 11
Flachseeablagerungen 14
Flachmoor 13
Flugsand 11
Flugsaurier 22. 33. 36
Flüsse 9. 10. 13. 14
—, Wasserführung 9. 10. 13
Flußspat 4. 5
Flußtrübe 10
Foraminiferen 14. 27. 29. 37
Formation 22. 25

Fossilien 24
Fruchtschiefer 5
Fumarolen 4. 20

Gabbro 6. 29
Gang 4. 5. 18
Ganoiden 31
Garbenschiefer 5
Gebirgsbildung 18
— im Jura 33
— — Karbon 29
— in der Kreide 37
— im Tertiär 37
— Ursache 19
Gefälle 9. 10
Gefüge der Gesteine 5
Gekriech 9
Geologie 3
geothermische Tiefenstufe 19
Geschiebe 10. 13. 15
Geschiebelehm 38
Geschiebemergel 11
Gesteine 3. 4. 5. 6. 7. 13
Gesteinshülle 19
Geysir 13. 20
Gingko 35
Gips 8. 15. 32. 33
Gletscher 10
Glimmer 4. 6. 15. 19
Glimmerfels 5
Glimmerschiefer 19. 28
Globigerinenschlick 14
Gneis 19. 28
Goniatiten 14. 23. 28. 29
Grabenbruch 18
Granat 5
Granit 5. 6. 7. 8. 19. 29
Graphit 26
Graptolithen 23. 27
Grauwacke 26
Griffelschiefer 26
Grundmasse 5
Grundwasser 8
Grünstein 28

Haifische 37
Hakenwerfen 9
Hallstätter Kalk 33
Halysites 27
Hangendes 16
Hauptdolomit 33
Hebung, säkulare 9. 16
historische Geologie 3. 22. 24
Höhle 8. 12
Höhlenbär 22. 38
Hornblende 4. 6
Hornfels 5
Horst 17. 18

Huftiere 37
Humus 6. 13
Humusschicht 6
Hunsrückschiefer 23. 28
hydrothermale Bildungen 4

Ichthyosaurus 35
Iguanodon 36
Inlandeis 11
Insekten 29
Insolation 6. 11
Isohypsen 21

Juraformation 22. 33

Kalamiten 29
Kalisalze 31
Kalkalgen 33
kalkabsondernde Meerestiere 13
Kalksinter 13. 15
Kalkspat 15
Kalkstein 8. 14. 15
Kambrium 23. 26
känozoisch 22. 26. 37
Kaolin 7. 15
Kaolinit 15
Karbon 23. 29
Keuper 22. 32. 33
Kieselgur 15
Kieselsäure 3. 6. 15
Kieselschiefer 15. 26
Kieselsinter 13. 15
Kieserit 15
Klamm 9
Kliff 12
Knochenfische 24. 35
Knotenkalk 28
Knotenschiefer 5
Kompaß, bergmännischer 16
Kohlenkalk 23. 29
Konglomerat 15
Koniferen 22. 23
konkordant 16
Kontaktlagerstätten 5
Kontaktmetamorphose 5
Kontaktmineralien 5
kontinentale Sedimente 13
Kontraktionstheorie 19
Korallen 23. 28. 29. 33
Korallenkalk 28
Korallenriff 14. 15. 33
Kramenzelkalk 28
Krater 19. 20
Kreideformation 15. 22. 35
Kreislauf der Gesteine 6
— des Wassers 7. 26
kristallinische Schiefer 19. 26
Kulm 23. 29
Kupferschiefer 23. 31

Lakkolith 5
Lapilli 20
Laplace 19. 25
Laterit 7
Lava 5. 20. 25
Leitfossilien 24. 25
Lepidodendron 23. 29
Lettenkohle 33
Leuzit 4
Lias 22. 33
Liegendes 16
Liparit 6
lithographischer Schiefer 33
Lithosphäre 19
Lituites 27
Lorbeer 37
Löß 12. 13. 15. 22. 38
Lungenfische 22. 23. 29. 33

Maar 19
Mächtigkeit 15
Magma 3. 4. 19. 25. 29
Magneteisenerz 4
Magnetkies 4
Malm 22. 33
Mammut 22. 38
Mandelstein 5
Marmor 19. 26
Mattkohle 13
Meer, Ablagerungen 10. 12. 13
—, Brandung 12
—, Salzgehalt 10. 14
Melaphyr 6. 31
Mensch 22. 38
Menschenaffen 22. 38
Mergel 15
mesozoisch 22. 31
Meßtischblatt 21
Mineralgänge 4. 18
Mineralien der Eruptivgesteine 4
— — Kontaktmetamorphose 5
—, pneumatolytisch gebildete 4
— der Sedimentgesteine 15
Mineralquellen 8
minerogen 13
Miozän 22. 37
Mittelalter der Erde 22. 33
mitteldeutsche Alpen 23. 29. 32. 33
Mittelschenkel 18
Mofette 20
Moräne 11. 15
Mulde 18
Muschelkalk 14. 22. 32
Muscheln 13. 28. 30. 31. 32. 33. 35. 36. 37

Register

Muskovit 4. 6. 15
Myrten 37

Nadelhölzer 30. 31. 33. 35
Nagetiere 38
Nashorn 38
Nautiliden 23. 27
Nephelin 4. 6
Neuzeit der Erde 22. 37
Nummuliten 37

Old Red Sandstone 23. 29
Oligozän 22. 37
Olivin 4. 6
Oolith 15
Opal 15
organogen 13. 14
Orthoceras 27
Orthoklas 4. 6
Orthophyr 6

Palaeoniscus 31
Paläontologie 3
paläozoisch 23. 26
Palmen 37
Palmfarne 33
Panzerfische 23. 29
Panzerung der Erde 25
Pechkohle 13
Peneplain 9
Peridotit 6
Perm 23. 30. 32
permokarbonische Eiszeit 23. 30
Petrographie 3
Petroleum 13
Pferde 38
Phonolith 6
Phyllit 19. 26
Plagioklas 4. 6
Pliosaurus 36
Pliozän 22. 37
pneumatolytisch 4
Porphyr 5. 31
Porphyrit 6. 31
Porzellanerde 7
primäre Gesteine 4. 13
produktives Karbon 23. 29
Productus 29. 31
Produktuskalk 23. 30
Profil 21
Pteranodon 36
Pterodactylus 35
Pteridophyten 23. 29
Pyrosphäre 19

Quadersandstein 7. 22. 35
Quallen 23. 26
Quartär 22. 38
Quarz 4. 6. 15. 18
Quarzfreier Porphyr 6

Quarzgang 4. 18
Quarzit 19. 28
Quarzporphyr 6
Quellen 8. 18
—, heiße 8. 18. 20

Radiolarien 26
Radiolarienschlick 14
Raubtiere 38
Reh 38
Ren 22. 38
Reptilien 29. 31. 35. 36
Rhamphorhynchus 35
Riesenhirsch 38
Riesenkrebse 23. 27. 29
Rogenstein 32
Rollsteine 12
Roterde 7
Rotliegendes 23. 31

Salzlager 14. 23. 31. 33
Salzseen 14
Sattel 18
Säuerling 8
Säugetiere 22. 33. 35. 36. 37
Saurier 22. 33
Schachtelhalm 23. 29. 31
Schichten 15. 24
Schichtung 15
Schichtvulkan 20
Schieferton 15
Schieferung 18
Schlerndolomit 33
Schmelzschupper 23. 31
Schmelzwasser 11
Schnee 10
Schnecken 13. 28. 30. 33. 34. 35. 36. 37
Schrägschichtung 15
Schreibkreide 22. 35
Schuppenbäume 29
Schuttbewegung 8
Schwämme 27. 33
Schwammkalk 33
Schwefelquellen 8
Sedimente 13. 14. 15. 24. 26
—, Einteilung 15
See, Verlandung 13
Seeigel 33. 35. 36. 37
Seelilien 29. 33
Seitenerosion 9
Senkungsfeld 17
Senkung, säkulare 16
Sicheldüne 12
Siegelbaum 29
Sigillaria 23. 29
Silikate 3
Silur 23. 26
Sinkstoffe 10. 12

Sinter 8. 13. 15
Solfatare 20
Sohlental 9
Solquellen 8
Sonnenbestrahlung 6
Spalten 17. 18
Spaltenfrost 7. 8
Spaltenquellen 18
Spirifer 28. 29
Spiriferensandstein 28
Sprunghöhe 17. 24
Stachelhäuter 26
Staffelbruch 18
Stahlbrunnen 8
Stegozephalen 23. 29. 31
Steinkohle 13. 15. 29
Steinkohlenformation 29
Steinsalz 8. 14. 15. 31. 32
Steinzeit 22. 38
Sternzeitalter der Erde 23. 25
Stock 5
Strandlinie 12. 16
Stratovulkan 20
Streichen 16. 21
Strom 5
Stübel 25
Stufe 25
Sumpfzypressen 37
Swamps 13
Syenit 6. 29
Sylvin 15
System 25

Tafeljura 33
Talaue 9
Talbildung 9
Taltrog 11
Taunusquarzit 23. 28
tektonische Erdbeben 17
— Geologie 3
Terrasse 10
terrigen 12. 13. 14
Tertiär 10. 22. 37
Thelodus 27
Therme 8. 20
Tiefenerosion 9
Tiefengesteine 5. 6
Tiefseeablagerungen 14
Tiefseeton, roter 14
Titaneisen 4
Ton 13. 14. 15
Tonschiefer 15. 19. 26
Topas 4. 5
Torf 13. 15
Trachyt 6
Transgression 17. 22. 33. 37
Trias 22. 31
—, alpine 22. 33
Triceratops 36

Trichtermündungen 17
Trilobiten 23. 26. 27. 28
Trochiten 33
Tropfstein 8. 13
Tuff 20
Turmalin 4. 5

Überschiebung 18
Ur 38
Urstromtal 11. 22. 38
Urvogel 34
Urzeit 23. 25

Varistisches Gebirge 29
Versteinerungen 11. 14. 24
Verwerfung 17
Verwitterung 6

Vulkan 5. 19. 22
Vulkanausbrüche im Devon 28
— — Perm 31
— im Tertiär 37
vulkanische Erdbeben 17
— Gesteine 5. 6. 20. 28. 31. 38
Vulkanismus 19

Waldmoor 13
Wanderdüne 11
Wärmezunahme nach dem Erdinnern 19
Wellenfurchen 11. 15
Wichtelpfennige 33

Wildpferd 88
Wind 7. 11. 13
Wissenbacher Schiefer 28
Wollastonit 5
Wüste 11
Wüstenlack 12

Zechstein 23. 31
—, Salzlager 14. 23. 31
Zeitalter, geologische 25
Zeitrechnung, absolute 24
—, geologische 16. 24
—, relative 24
Zinnerz 4. 5
Zone 25
Zykadeen 22. 23. 31. 35

GPSR Compliance

The European Union's (EU) General Product Safety Regulation (GPSR) is a set of rules that requires consumer products to be safe and our obligations to ensure this.

If you have any concerns about our products, you can contact us on

ProductSafety@springernature.com

In case Publisher is established outside the EU, the EU authorized representative is:

Springer Nature Customer Service Center GmbH
Europaplatz 3
69115 Heidelberg, Germany

www.ingramcontent.com/pod-product-compliance
Lightning Source LLC
Chambersburg PA
CBHW060758110426
42873CB00033BA/374